高等职业教育“十二五”规划教材

Linux 操作系统管理与应用

主　编　张亚新

副主编　闫新惠

参　编　马东波　魏巍巍　付　强

机械工业出版社

本书以 Red Hat Enterprise Linux 5 操作系统为平台，系统、全面地介绍了 Linux 操作系统常用命令的使用、图形界面的操作、程序脚本的编写、服务器的配置、系统安全等知识。

本书采用案例驱动与项目驱动相结合的方式编写，以企业真实项目为导线，将知识点连接起来。第 1 章介绍 Linux 操作系统；第 2 章介绍 Red Hat 公司最新的企业版 Linux 操作系统的安装；第 3 章介绍 Linux 系统的桌面环境；第 4 章介绍 Linux 系统的管理命令；第 5 章介绍 Linux 系统的常用网络服务；第 6 章介绍系统安全知识；第 7 章是一个完整的企业项目实战演练。本书由具有丰富教学经验的教师编写，突出实用性和操作性。

本书适用于高职高专院校的计算机和非计算机专业学生，同时适用于教授此课程的教师，也可以作为 Linux 操作系统爱好者和管理员的技术参考书。

为方便教学，本书配备电子课件等教学资源。凡选用本书作为教材的教师均可登录机械工业出版社教材服务网 www.cmpedu.com 免费下载。如有问题请致信 cmpgaozhi@sina.com,或致电 010-88379375 联系营销人员。

图书在版编目（CIP）数据

Linux 操作系统管理与应用/张亚新主编. —北京：机械工业出版社，2013.8（2017.1 重印）

高等职业教育“十二五”规划教材

ISBN 978-7-111-42842-8

Ⅰ. ①L… Ⅱ. ①张… Ⅲ. ①Linux 操作系统—高等职业教育—教材 Ⅳ. ①TP316.89

中国版本图书馆 CIP 数据核字（2013）第 126042 号

机械工业出版社（北京市百万庄大街 22 号 邮政编码 100037）

策划编辑：王玉鑫 责任编辑：王玉鑫 张 芳

责任校对：张 力 封面设计：张 静

责任印制：李 飞

北京铭成印刷有限公司印刷

2017 年 1 月第 1 版第 2 次印刷

184mm×260mm · 11 印张 · 237 千字

3001—4900 册

标准书号：ISBN 978-7-111-42842-8

定价：25.00 元

前言

Preface

Linux 操作系统是目前唯一可自由获取的操作系统，以其强大的功能和可靠性在高校教育中拥有广阔的前景。芬兰大学生 Linus Torvalds 在赫尔辛基大学学习操作系统课程时，由于不满足于使用教学用操作系统 Minix，从而着手开发一个简单的程序，逐步开发了显示器、键盘和调制解调器的驱动程序，最后编写了磁盘驱动程序和文件系统，一个操作系统的原型就这样形成了。这个诞生于学生之手的 Linux，在 Internet 这片肥沃的土壤中不断成长，逐步发展为与 UNIX、Windows 并驾齐驱的实用操作系统。Linux 与 Windows 不同而与 UNIX 外表相似，它的窗口向所有人完全敞开，任何想了解其内在机理的爱好者都可以走进其内部世界。

本书在结构设计上，采用企业真实项目为导线，将知识点连接起来。采用案例驱动与项目驱动相结合的方式，图文并茂地介绍工作过程，符合行动导向的教学理论，思路清晰，语言简洁，重在培养学生的实践能力和引导学生养成思考的习惯。在本书的最后一章详尽分析了企业案例，使读者对规划、设计、部署、配置、管理和维护一个单位的 Linux 网络应用环境有一个系统的概念。

本书由具有丰富教学经验的教师编写，他们了解学生的优势和特点，面向高职院校，以实例教学和项目教学为主线，贴近学生的生活，激发学生的兴趣，能够较好地调动学生的学习积极性和主动性。

本书以工作过程为导向进行设计，按照典型的职业工作过程的逻辑编排内容。其特点：

1）工作任务引领。以工作任务引领知识、技能，发展学生的综合职业能力。

2）以来源于企业的真实项目为主线，串起所有的知识点。

3）突出职业行为能力培养，全面提升学生的就业竞争能力，使学生实现在校即成为准职业人的目标。

本书适用于高职高专院校的计算机和非计算机专业学生，同时适用于教授此课程的教师。第 1 章介绍了操作系统的基本概念和知识，帮助读者初步认识 Linux 操作系统；第 2 章介绍 Red Hat 公司最新的企业版 Linux 操作系统的安装；第 3 章介绍 Linux 系统的桌面环境；第 4 章介绍 Linux 系统的管理命令；第 5 章介绍 Linux 系统的常用网络服务；第 6 章介绍系统安全知识；第 7 章是一个完整的企业项目实战演练。每章配有“思考与练习”和“实训项目”，做到了理论够用、语言少而精、实践操作覆盖面全、讲解准确细致。

本书由张亚新主编，并编写了第 1 章和第 4 章，以及其他部分章节的实训项目；负责全书的统稿工作；闫新惠任副主编，并编写了第 5 章及第 7 章；魏巍巍编写了第 2 章，付强编写了第 3 章，马东波编写了第 6 章。

由于编者水平有限，书中难免有疏漏之处，敬请广大读者批评指正。

编　者

目录

Content

第1章 初识 Linux 操作系统

从20世纪80年代起，全世界个人所使用的计算机操作系统大都是微软公司开发的DOS（Disk Operating System）和Windows。1995年，Windows 95的推出更是奠定了微软公司在操作系统领域的霸主地位。Windows已成为当今个人计算机中使用最广泛的操作系统。

但是，高级用户对操作系统有着更多的要求，如能够在网络上运行、同时支持多个用户、同时运行多个程序等。UNIX操作系统应运而生。UNIX是由贝尔实验室开发的。截至目前，UNIX依然被用在航空、天文、军事等领域，只是其价格非常昂贵。

1991年，芬兰学生Linus Torvalds编写出了与UNIX兼容的Linux操作系统内核，并通过Internet公布了源代码。世界各地有许多软件开发人员向Linux提供软件，使得Linux以惊人的速度不断发展。各大著名的软件厂商，如IBM、Oracle、Sybase均发布了基于Linux的产品。我国许多科研院所、科技公司也推出了中文版的Linux，如红旗、中标等。Linux目前已成为可以与UNIX和Windows相媲美的操作系统。

本章主要知识点：

1）掌握操作系统的概念，了解操作系统的发展历史。

2）掌握操作系统的功能。

3）了解Linux的发展历史及特点。

本章主要技能点：

掌握Linux的启动、登录等操作。

1.1 操作系统概述

Linux 操作系统是目前唯一可自由获取的操作系统，具有强大的功能和可靠性，在高校中拥有广大的使用者。在现在 Windows 操作系统统治桌面操作系统市场的时代，Linux 是唯一能抗衡 Windows 的操作系统，在服务器操作系统市场上占据了主导地位。

1.1.1 操作系统的概念

操作系统（Operating System，OS）管理计算机系统内各种硬件和软件资源，合理有效地组织计算机系统的工作，为用户提供一个使用方便、可扩展的工作环境，从而起到连接计算机和用户的接口作用。

操作系统是配置在计算机硬件平台上的第一层软件，是一组系统软件。一个新的操作系统往往融合了计算机发展中的一些传统的技术和新的研究成果。在计算机系统中，处理机、内存、磁盘、终端、网卡等硬件资源通过主板连接构成了看得见、摸得着的计算机硬件系统。为了能使这些硬件资源高效地、尽可能并行地供用户程序使用，为了给用户提供通用的使用这些硬件的方法，必须为计算机配备操作系统软件。操作系统的工作就是管理计算机的硬件资源和软件资源，并组织用户尽可能方便地使用这些资源。操作系统是软硬资源的控制中心，它以尽量合理有效的方法组织用户共享计算机的各种资源。计算机系统的层次结构如图 1-1 所示。

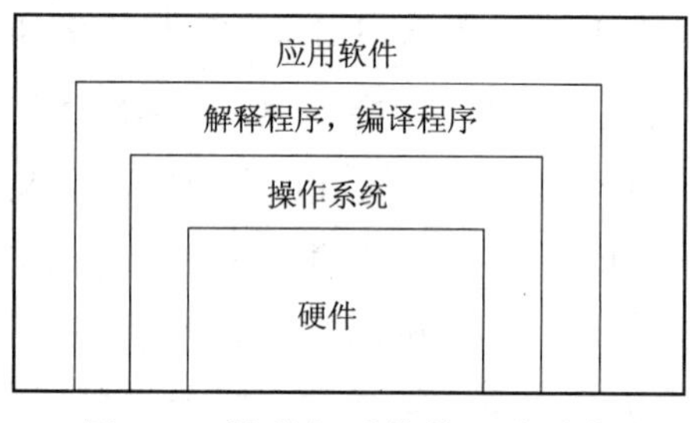

图 1-1　计算机系统的层次结构

1.1.2 操作系统的发展历史

操作系统的历史在某种意义上来说也是计算机的历史。操作系统提供对硬件控制的调用和应用程序所必需的功能。

1．手工操作

1946 年第一台计算机诞生。在 20 世纪 50 年代中期，还未出现操作系统，当时计算机工作采用手工操作方式。

程序员将对应于程序和数据的已穿孔的纸带（或卡片）装入输入机，然后启动输入机把程序和数据输入计算机内存，接着通过控制台开关启动程序针对数据运行；

计算完毕，打印机输出计算结果；用户取走结果并卸下纸带（或卡片）后，才让下一个用户上机。手工操作方式严重浪费了系统资源的利用率，而唯一的解决办法就是减少人的手工操作，实现作业的自动过渡。这样就出现了成批处理。

2. 批处理系统

批处理系统是加载在计算机上的一个系统软件，在它的控制下，计算机能够自动地、成批地处理一个或多个用户的作业。主机与输入机之间增加了一个存储设备——磁带，在运行于主机上的监督程序的自动控制下，计算机可自动运行：成批地把输入机上的用户作业读入磁带，依次把磁带上的用户作业读入主机内存并执行，并把计算结果向输出机输出。

3. 多道批处理系统

20 世纪 60 年代中期，在前述的批处理系统中，引入多道程序设计技术后形成多道批处理系统。它有两个特点：

（1）多道　系统内可同时容纳多个作业。这些作业存放在外存中，组成一个后备队列，系统按一定的调度原则每次从后备作业队列中选取一个或多个作业进入内存运行，运行作业结束、退出运行和后备作业进入运行均由系统自动实现，从而在系统中形成一个自动转接的、连续的作业流。

（2）成批　在系统运行过程中，不允许用户与其作业发生交互作用，即作业一旦进入系统，用户就不能直接干预其作业的运行。

批处理系统追求的目标是提高系统资源利用率和系统吞吐量，以及作业流程的自动化。批处理系统的一个重要缺点：不提供人机交互能力，给用户使用计算机带来不便。

4. 操作系统的进一步发展

进入 20 世纪 80 年代，大规模集成电路工艺技术的飞跃发展，微处理机的出现和发展，掀起了计算机大发展、大普及的浪潮。一方面迎来了个人计算机的时代，同时又向计算机网络、分布式处理、巨型计算机和智能化方向发展。于是，操作系统有了进一步的发展，如个人计算机操作系统、网络操作系统、分布式操作系统等。

1.1.3 操作系统的功能及特征

操作系统是一个资源管理器，其主要任务是管理系统资源，为用户提供良好的工作环境。

1. 操作系统的功能

通常计算机资源包括以下几类：中央处理机、内存、外部设备、信息（包括程序和资料），所以按照操作系统是资源管理器的观点，操作系统的功能包括处理机管理、内存管理、设备管理和文件管理。此外，为能合理地组织工作流程和便于用户

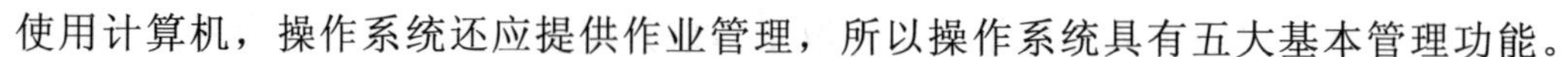

使用计算机，操作系统还应提供作业管理，所以操作系统具有五大基本管理功能。

（1）处理机管理　操作系统最重要的任务是对处理机进行分配，并对其运行进行有效的控制和管理。为了能够清楚地描述多个程序的同时运行而引进了进程的概念，处理机的分配和运行都是以进程为基本单位，操作系统通过对进程的管理来协调多道程序之间的关系，以达到充分利用处理机资源的目的。因而，对处理器的管理又称为进程管理。

（2）内存管理　存储管理程序就是管理有限的内存空间，实现对主存的最有效的使用。存储管理主要具有以下功能：

1）存储分配和地址无关性。操作系统为程序分配内存空间，程序运行结束要回收内存空间。程序员无法预知存储管理程序把程序分配到主存的什么地方，为此存储管理程序应提供地址重定位能力或地址映射机构等。

2）存储安全和保护。由于主存中可同时存放几道程序，每个程序只能访问它自己的存储空间，而不能存取任何其他范围内的信息，也就是要提供存储保护的手段。存储保护必须由硬件提供支持，具体保护办法有基址、界限寄存器法、存储键和锁等方法。

3）存储扩充。通过软件的方法为用户程序提供一个比实际内存空间大得多的存储空间，这就是虚拟存储技术。

（3）设备管理　计算机的外部设备种类繁多。设备管理主要解决以下三个问题：

1）设备无关性。用户向系统申请和使用的设备与实际操作的设备无关，即在用户程序中或在资源申请命令中使用设备的逻辑名，即为设备无关性。这一特征不仅为用户使用设备提供了方便，而且也提高了设备的利用率。

2）设备分配。设备管理程序完成设备的分配和回收任务。对设备分配通常有三种基本技术：独享、共享和虚拟分配技术。

3）设备的传输控制。当设备分配给某个任务后，设备的启动和停止、输入输出操作、中断处理、结束处理、故障的检测等都需要由设备管理程序进行管理和控制。这些工作是由设备管理提供的设备驱动程序完成的。通过设备驱动程序控制和管理设备，使用户不必了解设备的物理特性和技术细节，就可以方便地使用和操作这些设备。

（4）文件管理　在计算机系统中，程序和数据均是以文件的形式存在的。文件管理就是计算机系统对信息资源的管理。这些信息资源则是以文件形式存放在外存（通常是磁盘）上的程序和资料等。文件管理的主要三个功能如下：

1）文件的组织。解决如何存放文件的问题。

2）目录管理。解决如何快速检索文件的问题。

3）文件的读/写管理和存取控制。解决文件信息的安全问题。

（5）作业管理　操作系统的作业管理程序主要实现以下功能：

1）作业的组织与管理。即对系统中所有的用户作业进行统一组织和管理，以提高整个系统的运行效率。

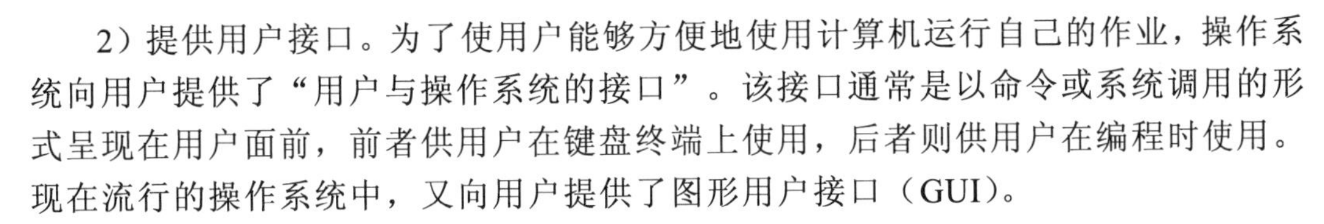

2）提供用户接口。为了使用户能够方便地使用计算机运行自己的作业，操作系统向用户提供了“用户与操作系统的接口”。该接口通常是以命令或系统调用的形式呈现在用户面前，前者供用户在键盘终端上使用，后者则供用户在编程时使用。现在流行的操作系统中，又向用户提供了图形用户接口（GUI）。

2. 操作系统的特征

（1）并发性　操作系统的并发性是指系统中同时运行着多个程序，即多个程序的并发执行。从用户角度看，这些程序是同时按照各自的规则和策略在向前推进，彼此之间不会互相影响。但从处理器级上看，如果是单 CPU 环境，这些并发运行的程序又是按照一定顺序交替着在同一个 CPU 上运行的。如果是多 CPU 系统，在每个 CPU 上都可能运行着一个程序，这时是真正的在同一时刻并行执行多个程序了。而我们讨论的并发性一般是指从用户角度来看的程序并行，这是一个宏观上的概念。

（2）共享性　共享是指多个并发程序对计算机系统资源的共同享用。系统资源能被有效地共享，可以提高系统的整体效率。

并发和共享是相辅相成的。程序并发执行时会要求对资源的共享，同时也只有在资源共享的前提下才能使程序真正并发执行。

（3）异步性　在多道程序环境下，各程序的执行过程有着“走走停停”的性质。每道程序要完成自己的事情，同时又要与其他程序共享系统中的资源。这样，它什么时候得以执行、在执行过程中是否被其他事情打断、向前推进的速度是快还是慢等，都是不可预知的，由程序执行时的现场所决定。另外，同一程序在相同的初始环境下，无论何时运行都应获得同样的结果。这就是操作系统所具有的异步性。

（4）虚拟性　虚拟是指通过某种技术把一个物理设备变成多个逻辑上独立的具备同样功能的设备。在操作系统中，无论是内存、CPU 还是外部设备都采用了虚拟技术，在逻辑上扩充了物理设备的数量，使得配备了操作系统之后的系统在资源的使用上更加自由和灵活，不受物理设备数量的限制。

1.1.4 常见操作系统

目前流行的网络操作系统以及具有联网功能的操作系统主要有 NetWare 系列、Windows 系列、UNIX、Linux 等。

1. Windows 操作系统

Windows 操作系统是 Microsoft 公司开发的一种图形用户接口的单用户、多任务操作系统，通过鼠标的点击进行操作。

2. UNIX 操作系统

UNIX 操作系统本是针对小型机主机环境开发的操作系统，这种操作系统的稳定性和安全性非常好，后来被移植到微型机上。UNIX 操作系统是当代最具代表性

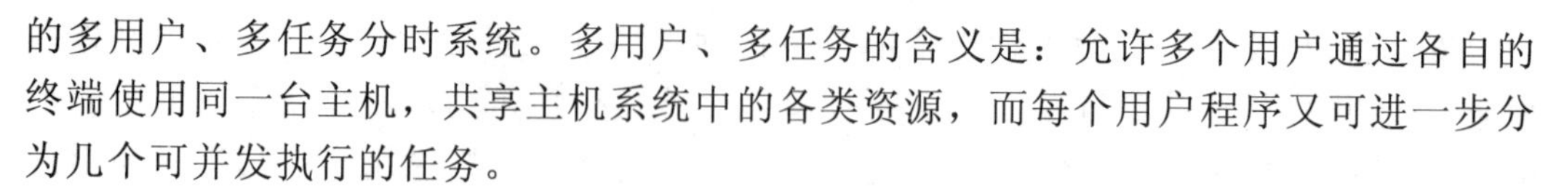

的多用户、多任务分时系统。多用户、多任务的含义是：允许多个用户通过各自的终端使用同一台主机，共享主机系统中的各类资源，而每个用户程序又可进一步分为几个可并发执行的任务。

3. Linux 操作系统

Linux 操作系统是目前全球最大的一个自由软件，其本身是一个功能可与 UNIX 和 Windows 相媲美的操作系统。Linux 包含了 UNIX 的全部功能和特性，在国内得到用户充分的肯定。它具有良好的安全性和稳定性，具有完备的网络功能，目前主要应用于中、高档服务器中。

1.2 Linux 操作系统的发展

Linux 是在自由交换思想和软件的文化中发展起来的。Linux 最初是由芬兰赫尔辛基大学的一位学生 Linus Torvalds（见图 1-2）出于个人爱好而开发出来的。Linus 对 Minix(一个用于操作系统教学且很小的类 UNIX 系统)有着浓厚的兴趣，觉得 Minix 在功能上仍有很多不足之处，因此便有了编写一个超过 Minix 系统的念头。后来从 Minix 学习中得到灵感，于是陆续编写了一些硬件的设备驱动程序和文件系统等。到 1991 年 8 月，Linus 写出了 Linux 0.01 版。Linus 于该年 10 月通过 USENET News 正式发布了 0.02 版，并通过 Internet 的连接，使世界各地的学生、软件工程师、科研人员和计算机高手都参加了 Linux 的开发工作。1994 年，具有里程碑性质的 Linux 1.0 版本诞生了。应该说，Linux 是集体创作的结晶，并且在不断发展和完善。

Linux 有一个非常可爱的吉祥物——Linux 企鹅，如图 1-3 所示。Torvalds 在 Linux 的联机文档里这样描述道：“它是一只讨人喜欢的、让人一见就想拥抱的、刚刚饱餐了一顿鲱鱼的企鹅。

图 1-2　Linus Torvalds

图 1-3　Linux 的吉祥物

1.2.1 Linux操作系统的版本

Linux是UNIX的一种免费版本，包含了UNIX的全部功能。市场上有多种Linux版本，如SUSE、RedFlag、TurboLinux等。看到这么多的名字，用户不禁感到迷惑不解。而事实上，Linux的版本分为内核和发行两种。

1. 内核版本

“内核”就是操作系统的“心脏”。内核版本是内核的版本号，由3个数字组成：major.minor.patchlevel。

major：主版本号。

minor：次版本号。奇数表示测试版，偶数表示稳定版。

patchlevel：修订次数。

例如，内核版本号2.6.20表示主版本号是2，次版本号是6，第20次修订。

2. 发行版本

发行版本是指一套完整的软件环境。目前有300多种发行版本。表1-1列出了一些常见的Linux发行版本的Logo。

表1-1 常见的Linux发行版本的Logo

ubuntu	openSUSE	redhat	fedora
debian	Mandriva	PCLinuxOS	MEPIS
KNOPPIX	slackware	FreeBSD	红旗® Linux

1.2.2 Linux操作系统的特性

Linux之所以能得到迅速发展并具有巨大潜力，在于它具有以下的特点：

（1）开放性 一是指系统遵循世界标准规范，特别是遵循开放系统互连（OSI）国际标准；二是指Linux开放源代码。

（2）多用户、多任务系统 Linux是一个多用户、多任务，支持内核级多线程和多CPU的操作系统。

（3）出色的速度性能 Linux极其健壮，可以连续运行数月、数年而无需重新启动，与Windows（经常死机）相比，这一点尤其突出。

（4）友好的用户接口　Linux 向用户提供了三种接口：用户命令接口、系统调用接口和图形用户接口。

（5）强大的网络功能　Linux 是在 Internet 基础上产生并发展起来的，因此，完善的内置网络是 Linux 的一大特点。Linux 是一个提供完整网络集成的操作系统，提供全部 Internet 服务。它强大的网络功能使得 Internet 以及许许多多局域网中的服务器都采用 Linux 操作系统，如 Web 服务器、FTP 服务器、Gopher 服务器、SMTP/POP3 服务器、Proxy 服务器、DNS 服务器等。

（6）可靠的系统安全　Linux 采取了许多安全技术措施，包括对读、写进行权限控制、带保护的子系统、审计跟踪、核心授权等，这为网络多用户环境中的用户提供了必要的安全保障。

（7）支持多种文件系统　Linux 操作系统在其 EXT 文件系统开发过程中，引入了虚拟文件系统的概念。支持多种文件系统，包括 EXT2、FAT、VFAT、FAT32、NFS、MINIX、XENIX 等。

（8）完善的技术支持体系　由于 Linux 主要通过国际互联网进行推广和传播，与其他操作系统相比，Linux 的技术支持体系更具特色。在互联网上有多个 Linux 专业网站用于发布最新的内核版本和修订版的补丁程序以及 Linux 的英文文档（Document）资料。同时有多个国家的网站把 Linux 文档文件翻译成本国语言，Linux 用户可以十分方便地从这些网站上下载所需的源代码和资料。

1.2.3 启动与登录 Linux

打开安装有 Red Hat Linux AS5 的计算机电源，首先会进行 BIOS 自检，根据 BIOS 中设置的启动设备进行启动，接着出现 GRUB 系统引导界面。Linux 系统启动后，屏幕上将快速闪过一串串启动内容的文字提示，在各服务正常启动之后，系统会显示：

linux login：

提示用户登录。如果用户想要以超级用户的身份登录，在“login:：”后面输入“root”，然后按“回车”键，系统提示：

Password：

该提示提醒用户输入安装时设定的系统管理员密码并按“Enter”键，如果密码正确，系统将完成登录。

一般情况下，为了安全考虑不推荐使用超级用户 root 账号登录系统。因为 root 账号权限太大，很容易由于误操作导致系统崩溃，一般情况下都以普通用户账号登录系统。

在使用普通账号的过程中如果要完成某些只有 root 账号才能执行的操作，要临时以 root 账号登录，或者想要以其他账号临时登录系统，Linux 系统提供了 su 命令。su 命令格式如下：

su 用户名

如从普通账户切换到 root 账户，可以使用 su -或者 su root。

如果要退出某个用户的登录，可以使用 exit 命令注销系统。超级用户的提示符是“#”，普通用户的提示符是“$”。

Linux 提供了三种关机/重启系统的命令：shutdown、halt 和 reboot。这三个命令在一般情况下只有系统的超级用户（一般是指 root）才可以执行。输入没有参数的 shutdown 命令，两分钟之后即可关闭系统。在这段时间，Linux 将提示所有已经登录系统的用户系统将要退出。

该命令的一般格式为

shutdown [选项] [时间] [警告信息]

其中，命令中[选项]的含义为

k：并不真正关机，只是向所有用户发出警告信息。

r：关机后立即重新启动。

h：关机后不重新启动。

f：快速关机，重新启动时跳过 fsck。

n：快速关机，不经过 init 程序。

c：取消一个已经运行的 shutdown。

如果要设定等待的时间，可以使用[时间]选项。

now：立即退出系统；

+mins：在指定的分钟之后退出系统；

hh：ss：在指定的时间退出系统。

思考与练习

1．选择题

（1）下列关于操作系统的叙述中，哪一条是不正确的？（　　）

A．操作系统管理计算机系统中的各种资源

B．操作系统为用户提供良好的界面

C．操作系统与用户程序必须交替运行

D．操作系统位于各种软件的最底层

（2）Linux 的发展始于（　　）年，它是由（　　）的一名大学生开发的。

A．1990　芬兰　　　　B．1991　芬兰

C．1993　美国　　　　D．1991　波兰

（3）操作系统具备以下几大功能：处理机管理、（　　）、设备管理、文件管理和用户接口。

A．故障管理　　　　B．日常备份管理

C．存储管理　　　　D．发送邮件

2. 填空题

（1）Linux 的版本分为：内核版本和____________，Red Hat Enterprise Linux 5 的内核版本号是____________。

（2）Linux 超级用户的用户名是____________。

（3）Linux 超级用户登录后的提示符是______，普通用户登录后的提示符是________。

3. 简答题

（1）简述操作系统的基本概念。

（2）操作系统有哪些功能？

第2章 Linux的安装

本章通过以虚拟机安装的方式安装稳定性值得信赖的 Red Hat Linux AS5 红帽企业版，进行 Linux 操作系统的安装及演示操作。

本章主要知识点：

1）理解 Linux 系统的特点及组成。

2）了解 Red Hat Linux AS5 版对计算机硬件的需求。

3）掌握 VMWARE 虚拟机的安装与使用。

4）掌握 Red Hat Linux AS5 的安装过程。

5）了解 Red Hat Linux AS5 的用户界面及简单操作。

本章主要技能点：

1）熟悉 Linux 系统的特点及组成。

2）熟练掌握 VMWARE 虚拟机的安装及使用。

3）熟练掌握 Red Hat Linux AS5 的安装过程。

4）熟练 Red Hat Linux AS5 的用户界面操作。

2.1 Linux 的特点及组成

2.1.1 Linux 的特点

Linux 操作系统在短短几年之内就得到迅猛的发展，受到广大计算机爱好者的喜爱，主要原因有两个：①它属于自由软件，用户不用支付任何费用就可以获得它和它的源代码，并且可以根据自己的需要对它进行必要的修改和无约束地继续传播；②它具有 UNIX 的全部功能，任何使用 UNIX 操作系统或想要学习 UNIX 操作系统的人都可以从 Linux 中获益。具体来说，Linux 有如下特点：

（1）开放性　是指该系统遵循世界标准规范，特别是遵循开放系统互联（OSI）国际标准。凡遵循国际标准所开发的硬件和软件，都能彼此兼容，可方便地实现互联。另外，Linux 是免费的，且源代码开放，使用者能控制源代码，按照自己的需要对部件混合搭配，建立自定义扩展。

（2）多用户　是指系统资源可以被不同用户使用，每个用户对自己的资源（如文件、设备）有特定的权限，互不影响。

（3）多任务　这是现代计算机操作系统的一个最主要的特点，是指计算机同时执行多个程序，而且各个程序的运行是相互独立的。

（4）出色的速度性能　Linux 可以连续运行数月、数年而无需重新启动，与 NT（经常死机）相比，这一点尤其突出。即使作为一种台式机操作系统，与许多用户非常熟悉的 UNIX 相比，它的性能也显得更为优秀。Linux 不太在意 CPU 的速度，它可以把处理器的性能发挥到极限（用户会发现，影响系统性能提高的限制因素主要是其总线和磁盘 I/O 的性能）。

（5）良好的用户界面　Linux 向用户提供了三种界面：用户界面、系统调用以及图形用户界面。

（6）丰富的网络功能　Linux 是在 Internet 基础上产生并发展起来的，因此，完善的内置网络是 Linux 的一大特点。Linux 在通信和网络功能方面优于其他操作系统。

（7）设备独立性　是指操作系统把所有外部设备统一当成文件来看待，只要安装它们的驱动程序，任何用户都可以像使用文件一样，操纵和使用这些设备，而不必知道它们的具体存在形式。Linux 是具有设备独立性的操作系统，它的内核具有高度适应能力。

（8）可靠的安全系统　Linux 采取了许多安全技术措施，包括对读/写控制、带保护的子系统、审计跟踪、核心授权等，这为网络多用户环境中的用户提供了必要的安全保障。

（9）良好的可移植性　可移植是指将操作系统从一个平台转移到另一个平台，使它仍然能按其自身的方式运行的能力。Linux 是一种可移植的操作系统，能够在从微型计算机到大型计算机的任何环境中和任何平台上运行。

（10）具有标准兼容性　Linux 是一个与 POSIX（Portable Operating System Interface）相兼容的操作系统，它所构成的子系统支持所有相关的 ANSI、ISO、IETF 和 W3C 业界标准。为了使 UNIX system V 和 BSD 上的程序能直接在 Linux 上运行，Linux 还增加了部分 system V 和 BSD 的系统接口，使 Linux 成为一个完善的 UNIX 程序开发系统。Linux 也符合 X/Open 标准，具有完全自由的 X Windows 实现。另外，Linux 在对工业标准的支持上做得非常好，由于各 Linux 发布厂商都能自由获取和接触 Linux 的源代码，各厂家发布的 Linux 仍然缺乏标准，不过这些差异非常小。它们的差异主要存在于所捆绑应用软件的版本、安装工具的版本和各种系统文件所处的目录结构。

2.1.2 Linux 的组成

Linux 一般有 4 个主要部分：内核、Shell、文件系统和实用工具程序，各部分层次结构如图 2-1 所示。内核、Shell 和文件系统一起形成了基本的操作系统结构。它们使得用户可以运行程序、管理文件并使用系统。

图 2-1　Linux 组成层次结构图

（1）Linux 内核　内核是系统的心脏，是运行程序和管理像磁盘、打印机等硬件设备的核心程序，包括进程管理、内存管理、文件系统、设备驱动、网络系统等功能。

（2）Linux Shell　Shell 是系统的用户界面，提供了用户与内核进行交互操作的一种接口。它接收用户输入的命令并把它送入内核去执行。实际上 Shell 是一个命令解释器，它解释由用户输入的命令并且把它们送到内核。不仅如此，Shell 有自己的编程语言用于对命令的编辑，它允许用户编写由 shell 命令组成的程序。Shell 编程语言具有普通编程语言的很多特点，如它也有循环结构和分支控制结构等，用这种编程语言编写的 Shell 程序与其他应用程序具有同样的效果。

（3）Linux 文件系统　文件系统是文件存放在磁盘等存储设备上的组织方法，主要体现在对文件和目录的组织上。目录提供了管理文件的一个方便而有效的途径。我们能够从一个目录切换到另一个目录，而且可以设置目录和文件的权限，设置文件的共享程度。文件系统的相互关联性使共享数据变得容易，几个用户可以访问同一个文件。Linux 是一个多用户系统，操作系统本身的驻留程序存放在以根目录开始的专用目录中，有时被指定为系统目录。图 2-2 中那些根目录下的目录就是系统目录。

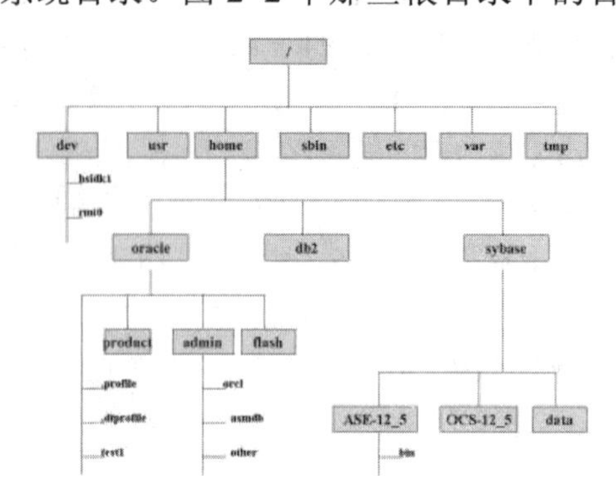

图 2-2　文件系统结构图

（4）Linux 实用工具程序　标准的 Linux 系统都有一套叫做实用工具的程序，它们是专门的程序，可分为三类：

1）编辑器，用于编辑文件。主要有 Ed、Ex、VI 和 Emacs；Ed 和 Ex 是行编辑器，VI 和 Emacs 是全屏幕编辑器。

2）过滤器，用于接收数据并过滤数据。主要是读取从用户文件或其他地方的输入，检查和处理数据，然后输出结果。从这个意义上说，它们过滤了经过它们的数据。Linux 有不同类型的过滤器，一些过滤器用行编辑命令输出一个被编辑的文件。另外一些过滤器是按模式寻找文件，并以这种模式输出部分数据。还有一些执行字处理操作，检测一个文件中的格式，输出一个格式化的文件。过滤器的输入可以是一个文件，也可以是用户从键盘输入的数据，还可以是另一个过滤器的输出。过滤器可以相互连接，因此，一个过滤器的输出可能是另一个过滤器的输入。在有些情况下，用户可以编写自己的过滤器程序。

3）交互程序，允许用户发送信息或接收来自其他用户的信息。主要是用户与机器的信息接口。Linux 是一个多用户系统，它必须和所有用户保持联系。信息可以由系统上的不同用户发送或接收。信息的发送有两种方式，一种方式是与其他用户一对一地链接进行对话；另一种是一个用户对多个用户同时链接进行通信，即所谓广播式通信。

2.2 VMware 的安装与使用

VMware Workstation 是一个“虚拟 PC”软件，是 VMware 公司设计的专业虚拟机，通过它可以在一台机器上同时运行多个系统。与“多启动”系统相比，VMware 采用了完全不同的概念。多启动系统在一个时刻只能运行一个系统，在系统切换时需要重新启动机器。VMware 是在主系统的平台上真正“同时”运行多个操作系统，就像标准 Windows 应用程序那样切换。而且每个操作系统都可以进行虚拟的分区、配置而不影响真实硬盘的数据，甚至可以通过网卡将几台虚拟机连接为一个局域网，极其方便且容易操作。所有微软员工的机器上都装有一套正版的 VMware，足见它在这方面的权威。下面就介绍 VMware 软件的安装及使用，本书以 VMware workstation 6.5 版本为例，并将其分为安装虚拟机、建立一个新的虚拟机、配置安装好的虚拟机和配置虚拟机的网络这四个项目任务来分别介绍。

2.2.1 虚拟机的安装

【任务 1】虚拟机的安装。

步骤一：双击 VMware workstation 6.5 应用程序文件，启动安装程序，出现安装程序欢迎界面，如图 2-3 所示。

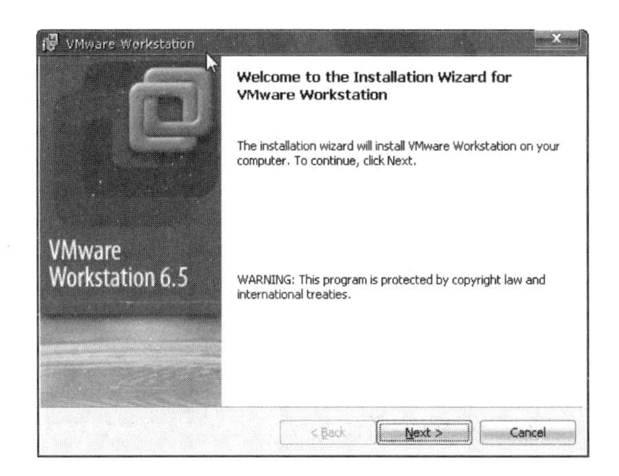

图 2-3 安装程序欢迎界面

步骤二：直接单击“Next”按钮进行下一步，出现安装类型选择界面，如图 2-4 所示。

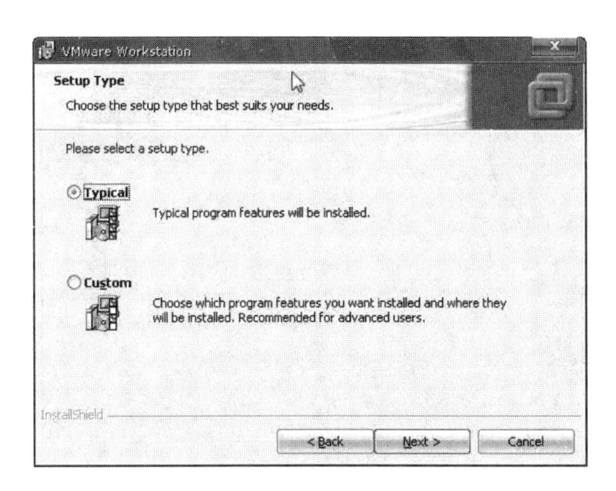

图 2-4 选择安装类型

步骤三：选择典型安装“Typical”选项，并单击“Next”按钮，出现安装路径选择界面，如图 2-5 所示。

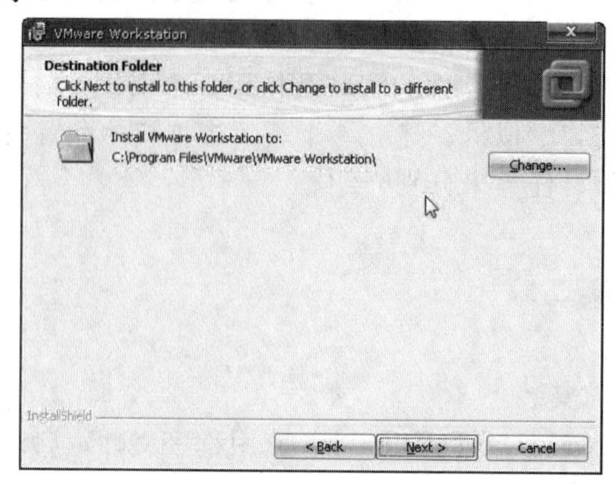

图 2-5　选择安装路径

步骤四：单击“Change”按钮，改变安装路径，并单击“Next”按钮，出现创建快捷方式设置的选择界面，如图 2-6 所示。

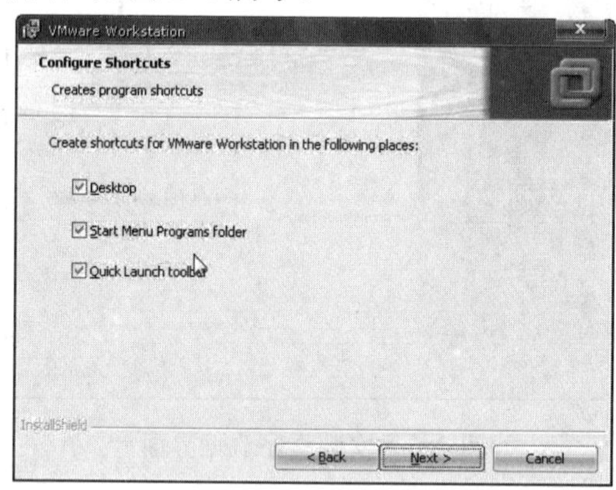

图 2-6　创建快捷方式

步骤五：单击“Next”按钮，完成选项选择，并出现安装设置完成界面，如图 2-7 所示。

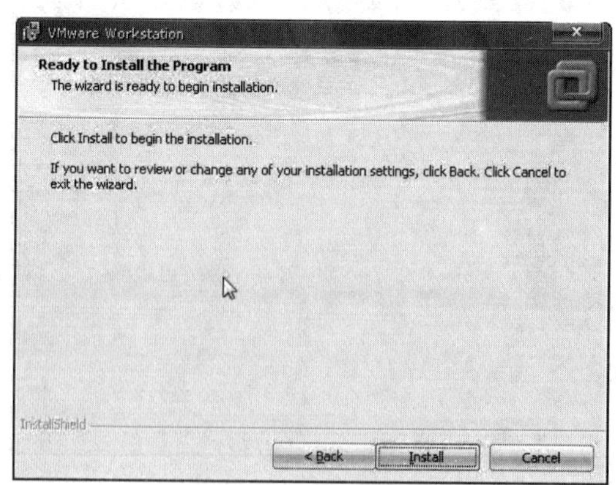

图 2-7　安装设置完成

步骤六：单击“Install”按钮，进行安装复制文件阶段，直到出现安装完成界面，如图 2-8 所示。

步骤七：单击“Finish”按钮完成安装操作，并弹出安装完成，需要重启计算机的对话框，如图 2-9 所示。

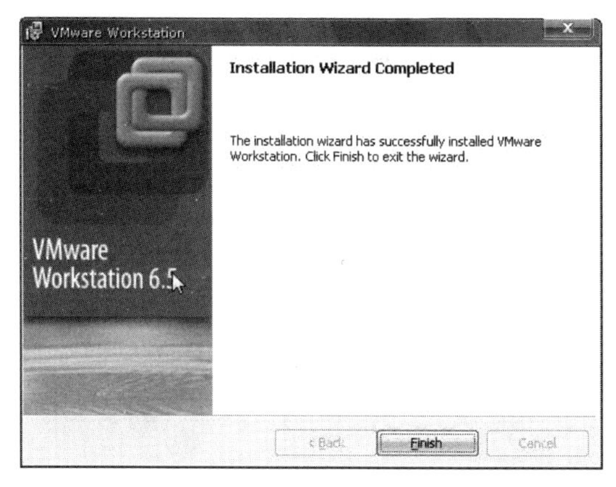

图 2-8　安装完成

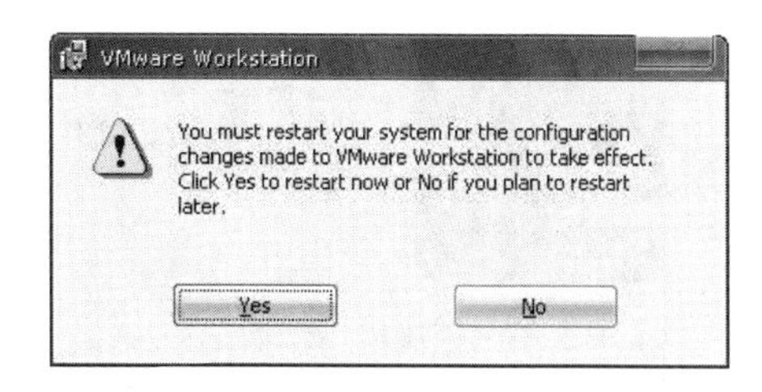

图 2-9　选择重启计算机

步骤八：单击“Yes”按钮选择重启系统完成配置需求，至此完成 VMware 软件的安装。

2.2.2 虚拟机的使用

【任务 2】建立一个新的虚拟机。

步骤一：双击桌面上虚拟机软件的快捷方式图标，进入虚拟机软件界面，如图 2-10 所示。

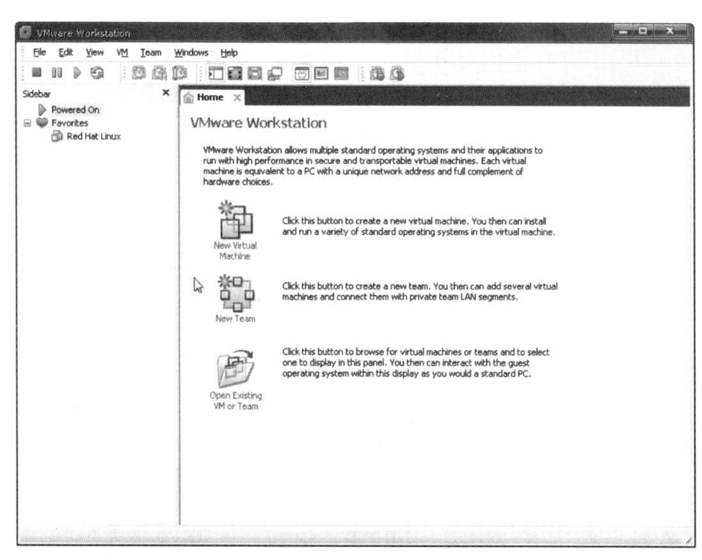

图 2-10　虚拟机软件界面

步骤二：单击界面中“New virtual Machine”选项新建虚拟机，弹出虚拟机向导，如图 2-11 所示。

步骤三：选择“Typical”典型安装后，单击“Next”按钮，进入安装媒体选择界面，如图 2-12 所示。

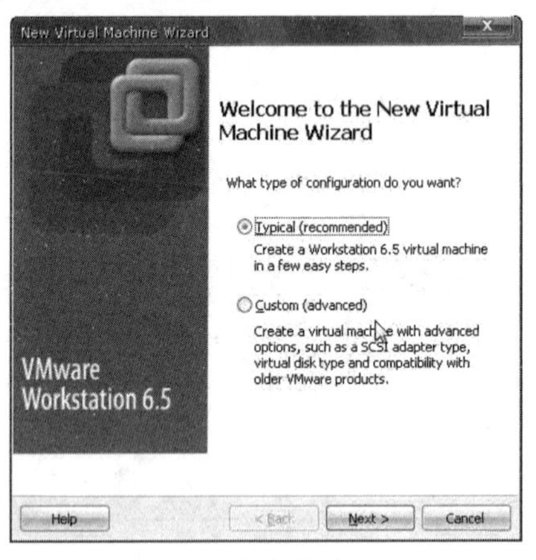

图 2-11　虚拟机向导

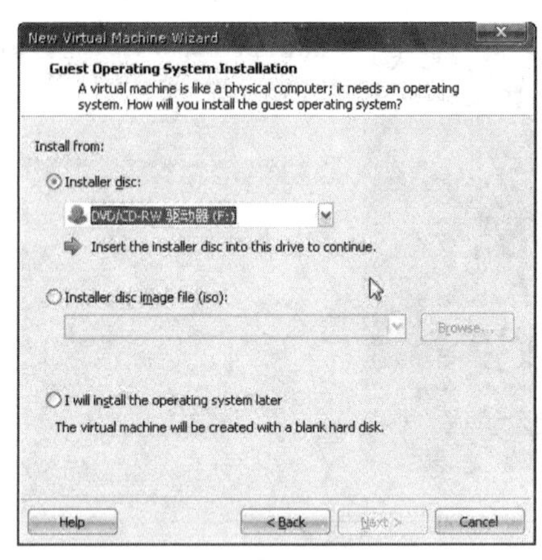

图 2-12　选择安装媒体

步骤四：选择“Installer disc image file（iso）”选项，并单击“Browse”按钮浏览选择镜像（ISO）文件的路径，然后单击“Next”按钮，弹出快捷安装信息界面，如图 2-13 所示。

步骤五：填写 Linux 操作系统的用户（redhat）及密码（123456），然后单击“Next”按钮，进入虚拟机名称及存放位置确认界面，如图 2-14 所示。

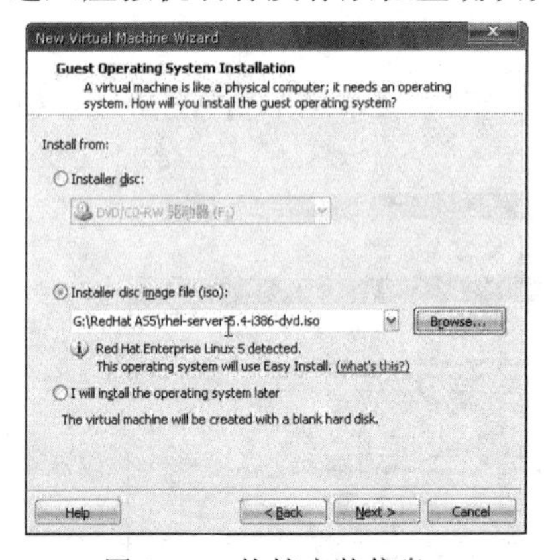

图 2-13　快捷安装信息

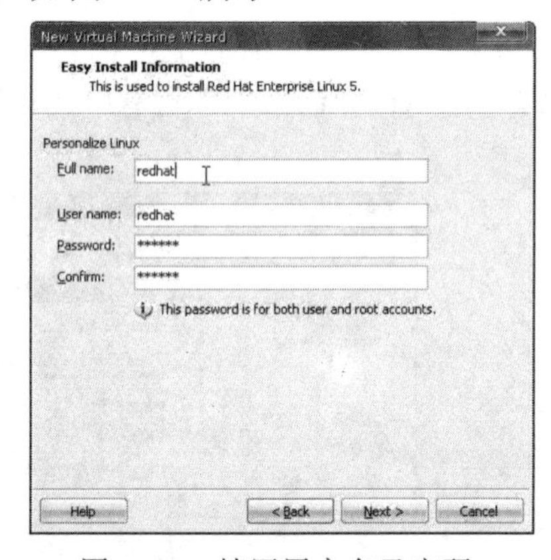

图 2-14　填写用户名及密码

步骤六：更改或默认虚拟机名称及存放位置路径后，单机“Next”按钮，进入虚拟机硬盘容量设置界面，如图 2-15 所示。

步骤七：确定所占硬盘容量后，单击“Next”按钮，进入创建虚拟机设置确认界面，如图 2-16 所示。

步骤八：确认信息无误后，单击“Finish”按钮，完成创建虚拟机，如图 2-17 所示。

注意：此处可以单击“Customize Hardware”按钮自定义硬件设置界面，更改所需设置的硬件类型（如内存大小、硬盘容量、镜像路径、网络模式等），如图 2-18 所示。

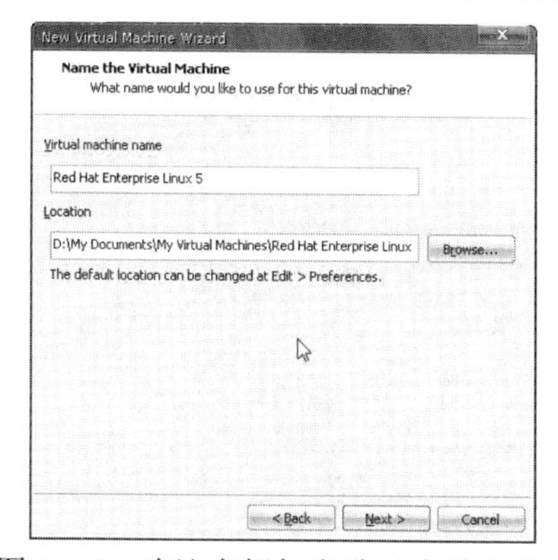

图 2-15　确认虚拟机名称及存放位置

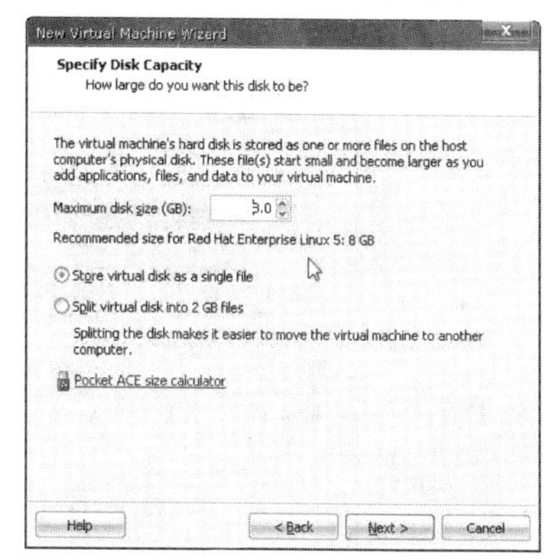

图 2-16　设置虚拟机硬盘容量

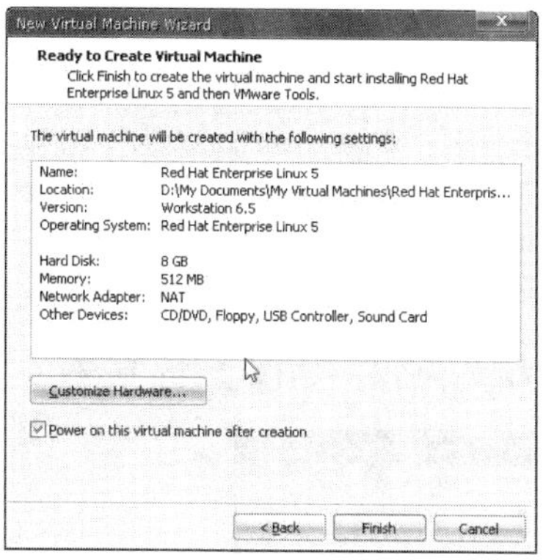

图 2-17　完成创建虚拟机

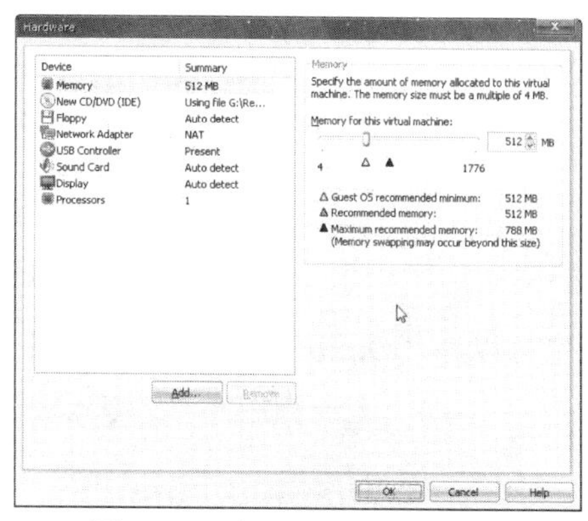

图 2-18　自定义硬件设置界面

【任务 3】配置安装好的虚拟机。

这里所指的配置，就是对已经安装好的虚拟机的内存容量、硬盘大小和数量、网络类型等进行修改，这样可以很方便地“变”出许多需求。

步骤一：查看虚拟机设备设置状况，如图 2-19 所示。

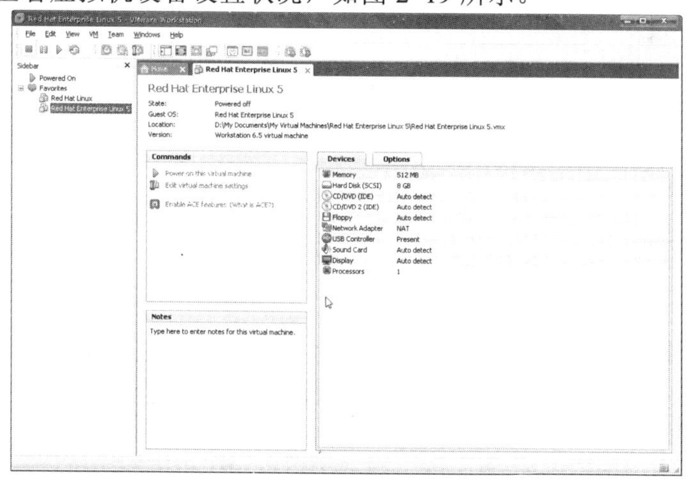

图 2-19　查看虚拟机设备设置状况

步骤二：单击“Edit virtual machine settings”（编辑虚拟机设置）选项，弹出虚拟机设置界面，可以在“Hardware”硬件选项卡中设置硬件需求，如图 2-20 所示。

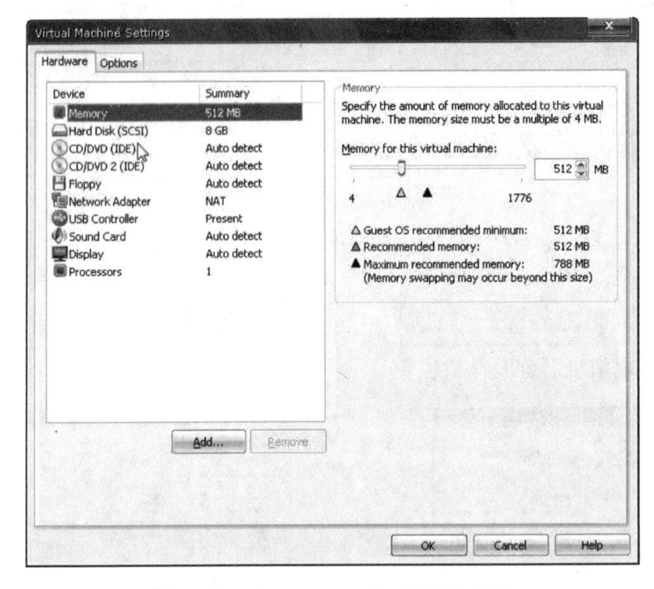

图 2-20 “Hard ware”硬件选项卡

也可以在“Options”配置选项卡中配置虚拟机相关内容，如图 2-21 所示。

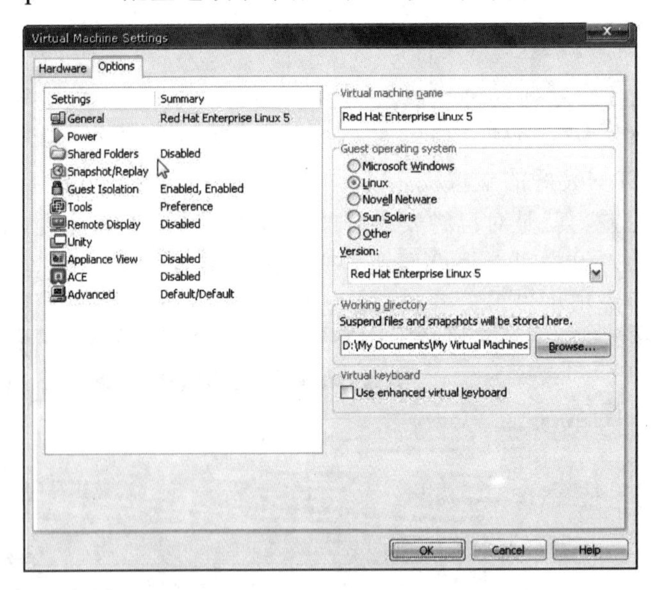

图 2-21 “Options”配置选项卡

注意：需要特别说明一下“Shared Folders”这个功能，是自 VMware4 以来新增的功能，是为了在与真实主机共享文件时更方便而设定的，它会在虚拟机中添加一个名为 Shared Folders 的磁盘，盘符为 Z，操作起来非常简单，单击“Add”按钮，选择一个真实主机的文件夹即可。这个功能在 Bridge 模式下可以用 UNC 名访问的方式代替，然而在

NAT 和 Host Only 模式下就显得很有必要了，因为在这两种模式下直接使用 IP 地址比较困难。最后还要提醒一下，Windows 98（含以下）系统不支持 Shared Folders 功能。

2.2.3 配置虚拟机的网络

仅有虚拟机是不够的，还需要使用虚拟机和真实主机以及其他的虚拟机进行通信。通信分为两部分，一是局域网内的，二是连接到公网的。配置虚拟机的网络如图 2-22 所示。这一部分是重点，主要介绍三种不同的模式。

（1）Bridged 模式，即桥接模式　其拓扑结构如图 2-23 所示。

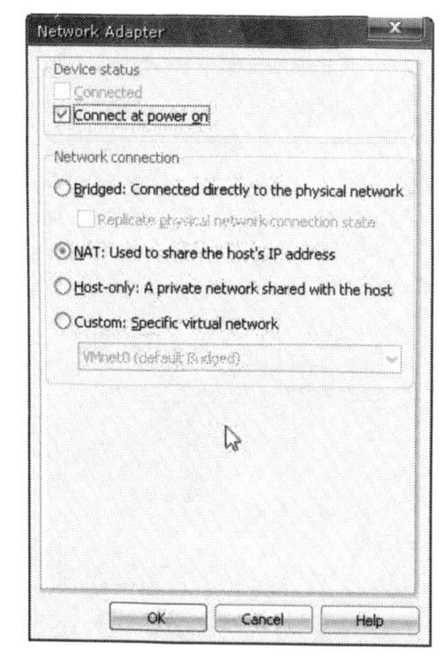

图 2-22　配置虚拟机的网络

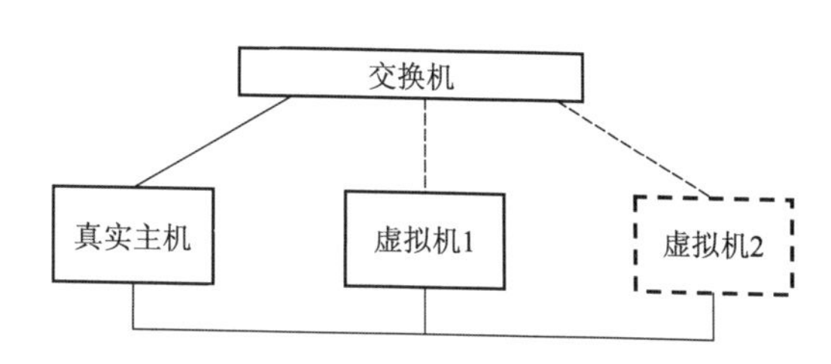

图 2-23　Bridged 模式的虚拟机拓扑结构

桥接模式是虚拟机网络模式中最简单的一种。使用桥接模式后，虚拟机和真实主机的关系就好像两台连接在一个 HUB 上的计算机一样，想让它们之间进行通信，只需要为双方配置 IP 地址和子网掩码即可。假设真实主机网卡上的 IP 地址被配置成 192.168 网段，则虚拟机的 IP 地址也要配置成 192.168 这个网段，这样虚拟机才能和真实主机进行通信。如果想在桥接模式下连入 Internet，方法也很简单，可以直接在虚拟机上安装一个拨号端，拨号成功后就可以进入 Internet 了。不要以为虚拟机是“假”的，拨号也就是“假”的，此时就已经在花费网费了。当然，如果想通过 ICS（Internet Connect Service）、NAT 或者是代理上网也可以，方法和在普通计算机上联网没有区别。

（2）NAT 模式　其拓扑结构如图 2-24 所示。

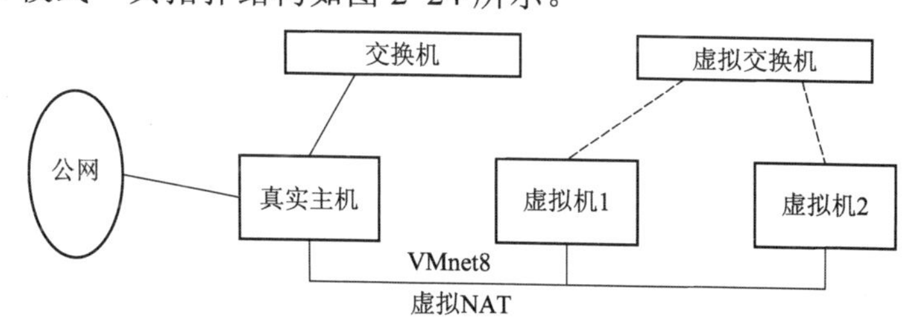

图 2-24　NAT 模式的虚拟机拓扑结构

首先要清楚，VMware 中的 NAT 和 Windows NT 中 Routing and Remote Access 的那个 NAT 没有任何关系，它们之间也没有任何影响。NAT（Network Address Translation）模式其实可以理解成方便地使虚拟机连接到公网，代价是桥接模式下的其他功能都不能享用。凡是选用 NAT 结构的虚拟机，均由 VMnet 8 提供 IP 地址、Gateway 和 DNS。在 VMware 中使用 NAT 模式，主要的好处是可以隐藏虚拟机的拓扑和极为方便接入 Internet。NAT 模式由 VMnet 8 的 DHCP Server 提供 IP 地址、Gateway 和 DNS，与在 Host Only 模式下一样，如果想使用手动方式分配固定 IP 地址，由于 VMnet 8 的限制，则无法和真实主机进行通信。不过在 NAT 模式下接入 Internet 就非常简单了，不需要进行任何配置，只需要将真实主机连接到 Internet，虚拟机随即就也可以接入 Internet 了。（VMware 的 NAT 功能还不止这些，它还能做端口映射和 TCP、UDP 阻断。）

（3）Host-only 模式　其拓扑结构如图 2-25 所示。

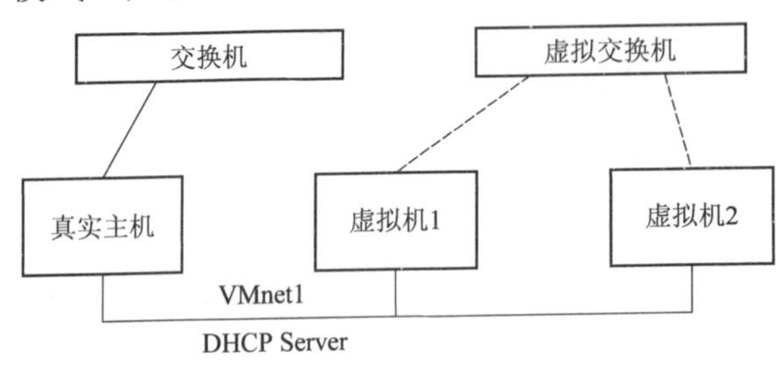

图 2-25　Host-only 模式的虚拟机拓扑结构

Host-only 模式和桥接模式的差别并不大，用来建立隔离的虚拟机环境。在这种模式下，虚拟机与真实主机通过虚拟私有网络进行连接，只有同为 Host-only 模式下的且在一个虚拟交换机的连接下才可以互相访问，外界无法访问。Host Only 模式只能使用私有 IP 地址、Gateway 和 DNS，均由虚拟端口 VMnet 1 来分配。如果尝试使用手动方式分配固定 IP 地址，会发现即使将 IP 地址配置成和真实主机一个网段，也无法与真实主机进行联系，这是由于 VMnet 1 的限制。所以，使用 VMnet 1 提供的 IP 地址是唯一的选择。如果想在 Host-only 模式下接入 Internet，只能使用 ICS 和代理，因为只有这两种方式可以在使用 DHCP 的情况下上网。

2.3 Red Hat Enterprise Linux 5 安装

2.3.1 Linux 系统安装的硬件需求

（1）CPU　文本模式需要 Pentium200 或以上，图形模式则建议使用 PentiumII400 或以上。

（2）内存　文本模式最少需要 64MB，图形模式则建议值为 256MB，最多支持到 4GB。

（3）硬盘　Linux 支持所有内置式的硬盘，最大支持到 2048GB，服务器至少需要 1.1GB，图形化桌面需要 2GB，完全安装则需要 5～7GB。

（4）显卡　如果只使用文本模式，则不论是 ISA、VGA 或是 AGP 的显卡，都可以正常工作；如果要使用图形化管理系统，则建议使用知名厂家的显卡。

2.3.2 Red Hat Enterprise Linux 5 的安装

【任务 4】使用虚拟机安装 Red Hat Enterprise Linux 5。

步骤一：单击 Power ON，即菜单上绿色的三角图标，启动虚拟机，在虚拟光驱中加载 RedHat Enterprise Linux 5 安装光盘镜像文件。

步骤二：测试安装盘，并创建相关目录，启动安装程序，如图 2-26 所示。

图 2-26　启动安装程序

安装界面上有三个选项供用户选择。

1）按“Enter”键，直接进入图形化模式（Graphical Mode）安装。

2）在“boot:”后面输入“Linux text”，然后按“Enter”键，则以文本模式（Text Mode）安装。

3）使用功能键（Function Keys）的方式安装。

步骤三：CD 媒体检测。

在如图 2-27 所示界面中单击“Skip”按钮，进行 CD 媒体检测。

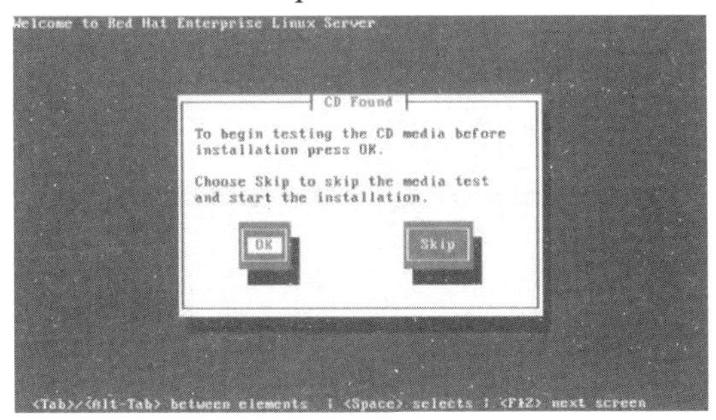

图 2-27　使用功能键安装

步骤四：欢迎界面。

单击“Next”按钮继续安装，如图 2-28 所示。

图 2-28　欢迎界面

步骤五：语言选择。

在如图 2-29 所示界面选择“Chinese（Simplified）（简体中文）”，单击“Next”按钮。

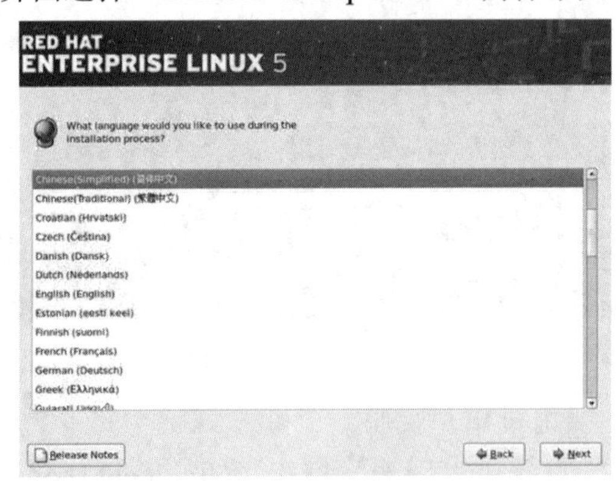

图 2-29　选择语言

步骤六：键盘配置。

默认为“美国英语式”，单击“Next”按钮，如图 2-30 所示。

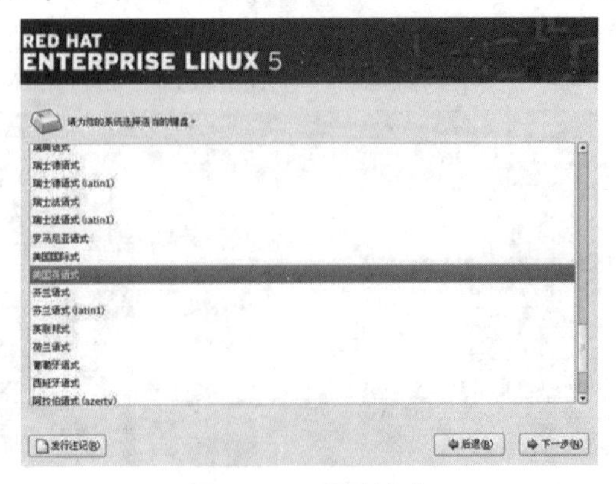

图 2-30　配置键盘

步骤七：安装号码。

如果没有安装号码，可以跳过，对安装应用没有任何影响，如图2-31所示。

步骤八：磁盘分区设置。

选择“建立自定义的分区结构”，单击“Next”按钮，如图2-32所示。

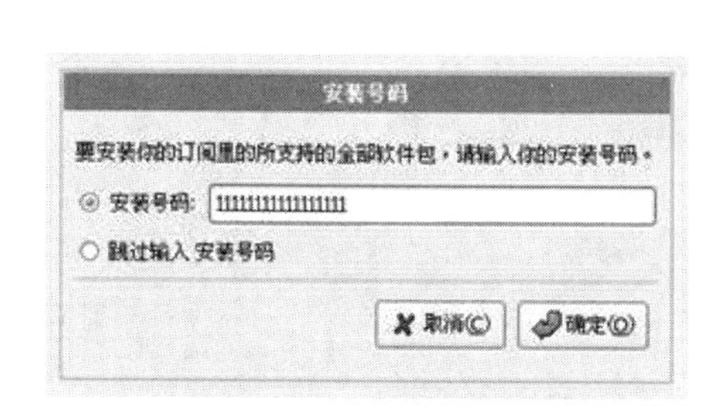

图2-31　安装号码

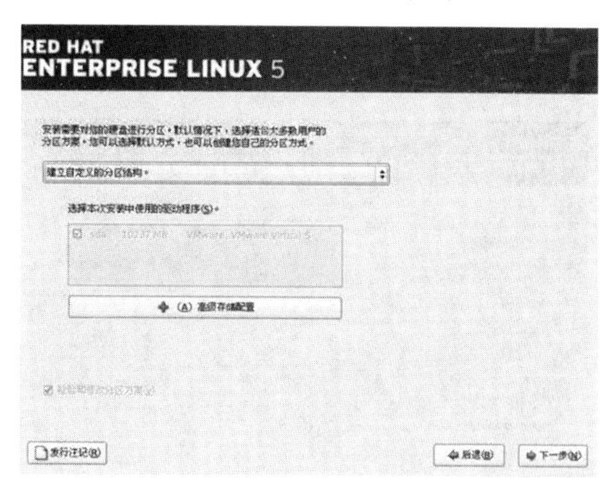

图2-32　设置磁盘分区

步骤九：为磁盘分区。

安装 Linux 系统时，需要在硬盘建立 Linux 使用的分区，至少需要 3 个分区：“/boot”、“swap”和“/”。

/boot分区：用于引导系统，包含操作系统的内核和在启动过程中所要用到的文件，大小一般为100MB。

swap分区：充当虚拟内存，大小通常是物理内存的两倍。例如，物理内存是128MB，swap分区的大小应该是256MB。

/（根）分区：大部分的系统文件和用户文件都保存在根分区上，所以该分区一定要足够大，一般要求大于5GB。图2-33和图2-34所示分别为添加swap分区和/（根）分区。

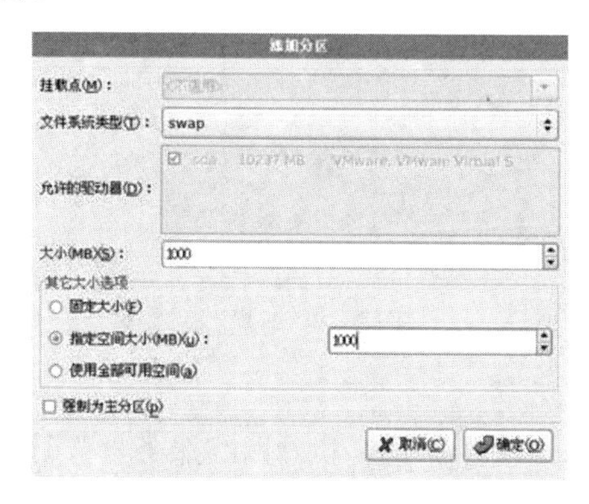

图2-33　添加swap分区

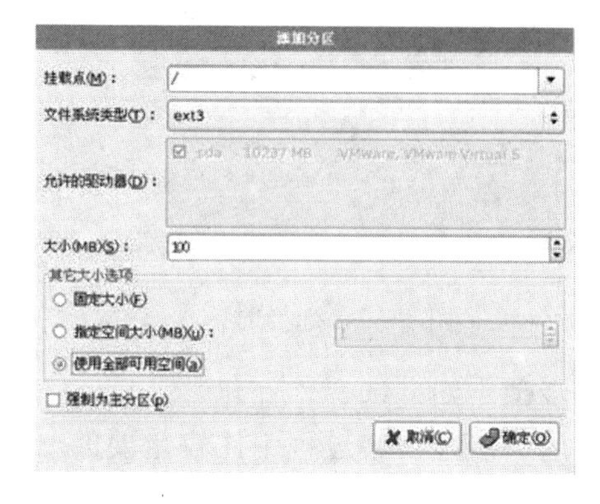

图2-34　添加/（根）分区

步骤十：引导装载程序配置。

引导装载程序配置如图2-35所示。若硬盘上还装有其他系统，在“标签”下，则会出现“Other”行。通过选择其前面的复选框，来设置引导装载程序至哪个系统，默认为“Red Hat Enterprise Linux Server”。按照默认的设置，单击“Next”按钮。

步骤十一：网络配置。

在默认情况下，Red Hat Enterprise Linux 5 会使用 DHCP 动态获取 IP 地址来降低网络配置难度。如果网络中没有 DHCP 服务器，需要选择相应的网络设备，单击右侧的“编辑”按钮打开配置窗口，手动设置 IP 地址和子网掩码，如图 2-36 所示。

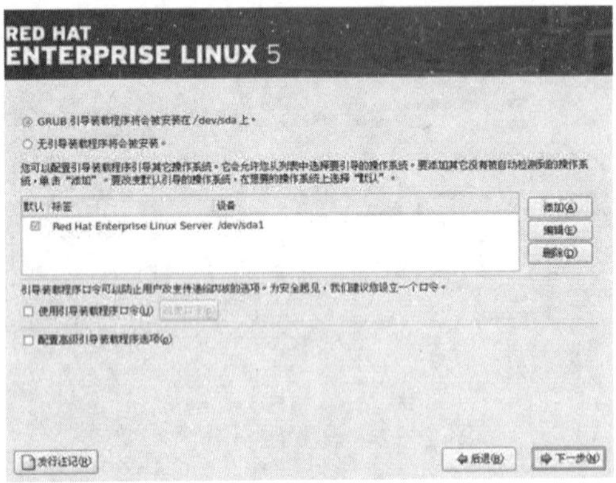

图 2-35　引导装载程序配置

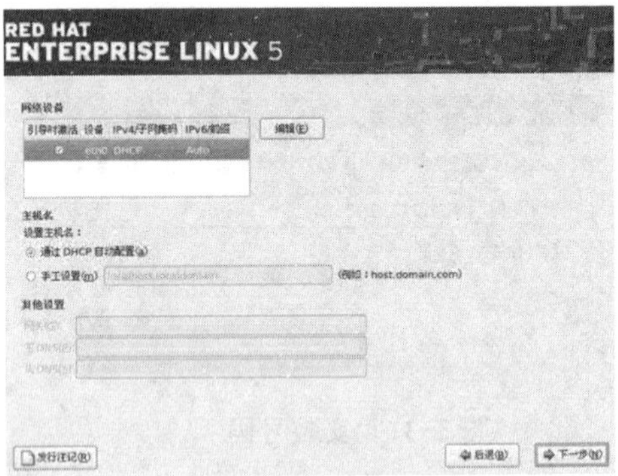

图 2-36　网络配置

步骤十二：选择时区。

选择时区如图 2-37 所示。

步骤十三：设置根口令。

输入一串不少于 6 个字符的口令，单击“Next”按钮，如图 2-38 所示。

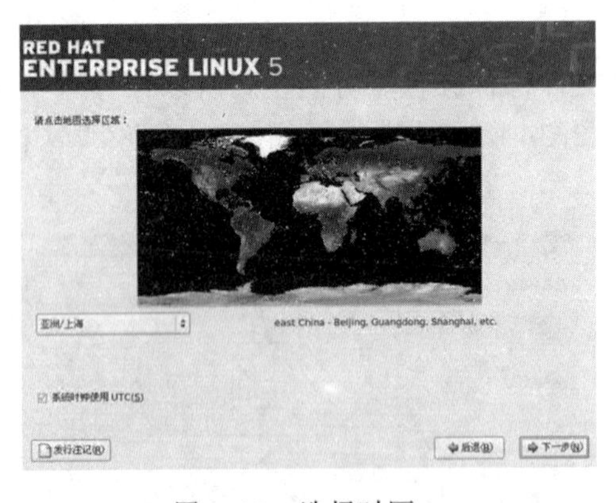

图 2-37　选择时区

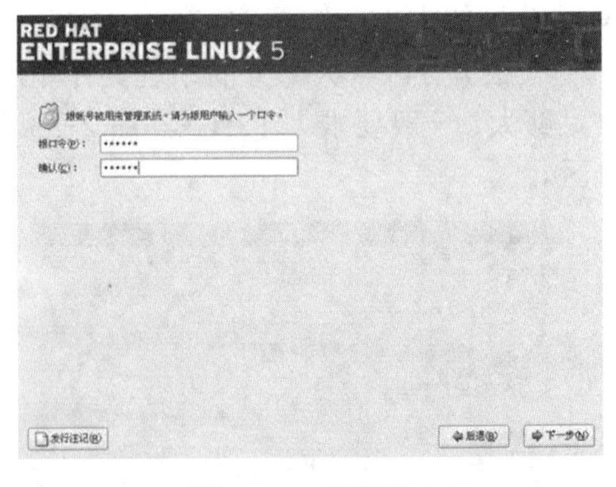

图 2-38　设置根口令

步骤十四：选择软件包。

这一步是安装过程中比较重要的一步，将“软件开发”和“网络服务器”选中，下面的单选框选择“现在定制”，如图 2-39 所示。

步骤十五：安装软件包。

安装软件包界面如图 2-40 所示。

图 2-39 选择软件包

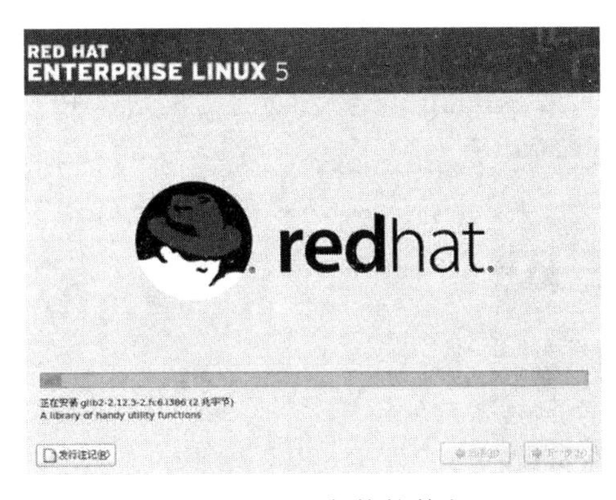

图 2-40 安装软件包

步骤十六： 软件包安装完成，如图 2-41 所示。

步骤十七： 系统的基本配置。

系统重新启动后，开始基本配置。

1）欢迎界面。欢迎界面如图 2-42 所示。单击“前进”按钮。

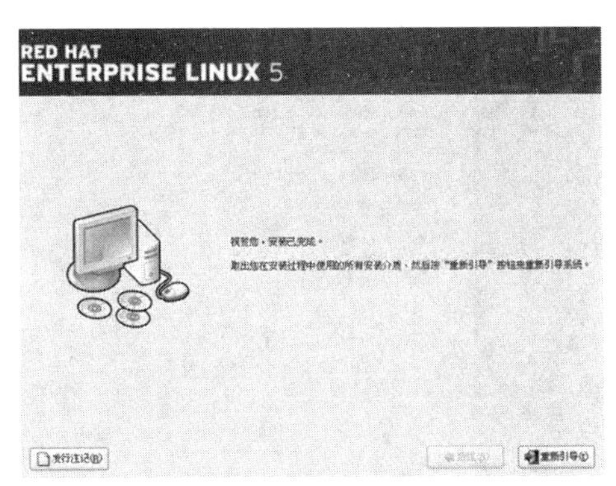

图 2-41 软件包安装完成

图 2-42 欢迎界面

2）签署许可协议，如图 2-43 所示。

3）设置防火墙。在“防火墙”下拉列表中，可以选择“启用”或“禁用”，分别用来开启和关闭防火墙。此处按默认设置，单击“前进”按钮，如图 2-44 所示。

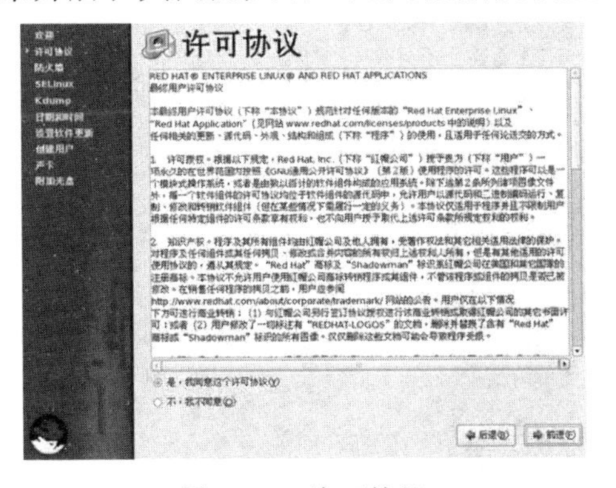

图 2-43 许可协议

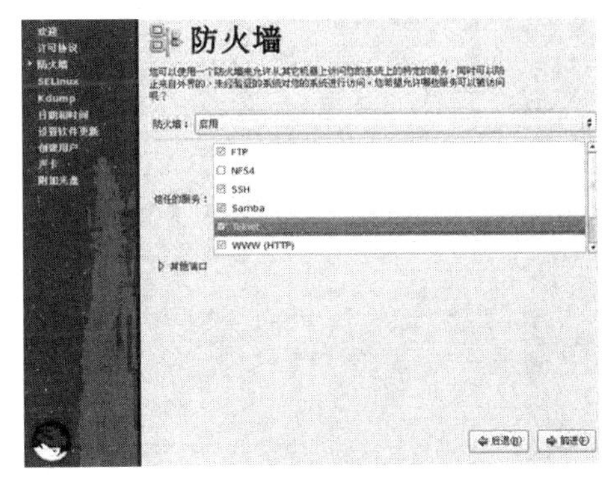

图 2-44 设置防火墙

4）SELinux 设置。此处按默认设置，单击“前进”按钮，如图 2-45 所示。

5）Kdump 设置。单击“前进”按钮，如图 2-46 所示。

图 2-45　SELinux 设置

图 2-46　Kdump 设置

6）日期和时间设置，如图 2-47 所示。

7）设置软件更新，如图 2-48 所示。单击“前进”按钮。

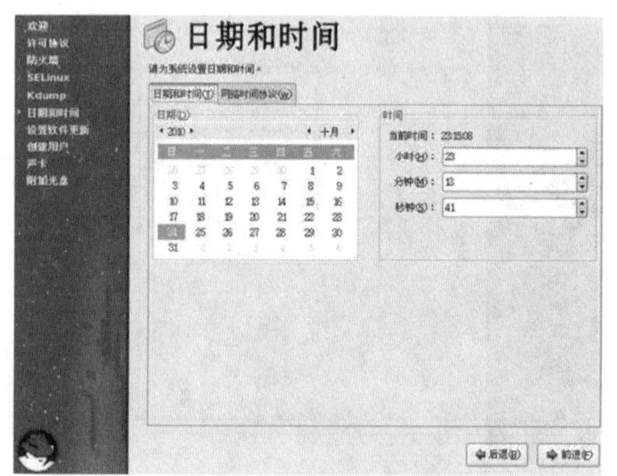

图 2-47　日期和时间设置

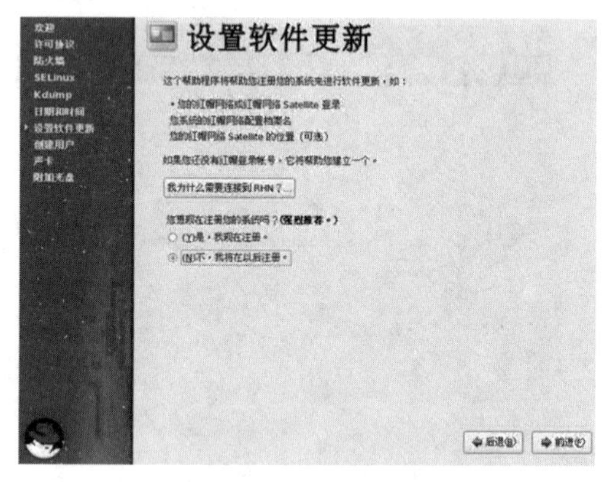

图 2-48　设置软件更新

8）创建用户。创建一个普通用户并设置密码，如图 2-49 所示。

9）声卡设置，如图 2-50 所示。

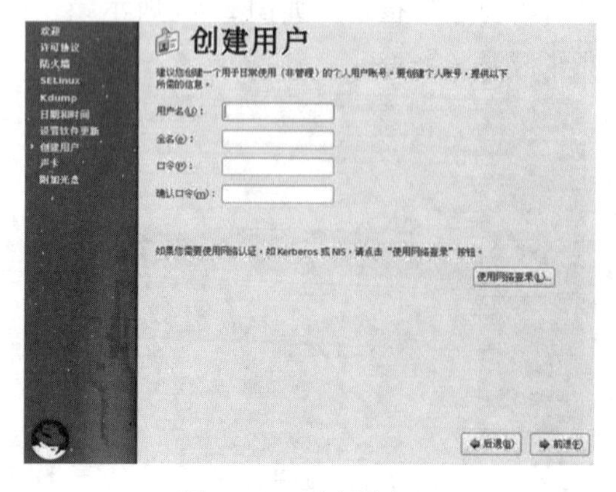

图 2-49　创建用户

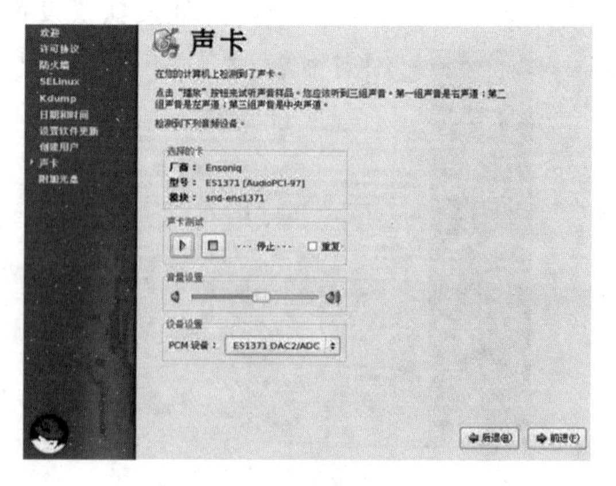

图 2-50　设置声卡

10）附加光盘安装，如图 2-51 所示。

11）系统登录界面，如图 2-52 所示。

图 2-51 附加光盘安装

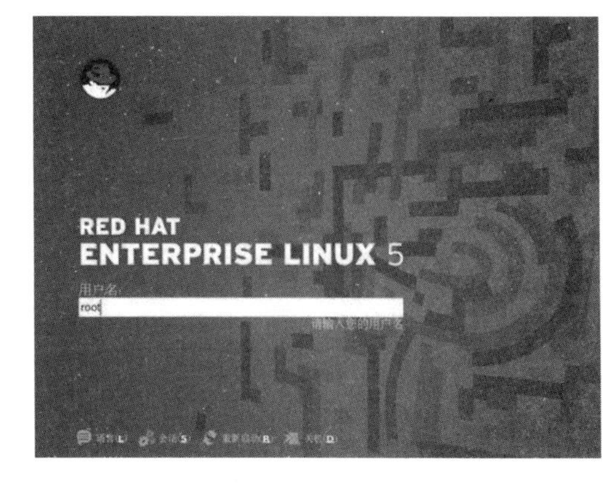

图 2-52 登录界面

12）按“Enter”键进入 Linux 的图形化界面，如图 2-53 所示。

图 2-53 Linux 图形化界面

由于根用户具有超级系统权限，建议只有在需要对系统进行管理和维护时才使用根用户登录，平时则使用普通用户账号登录，以免因为误操作对系统造成破坏。

实训项目一 Red Hat Enterprise Linux 5 安装和用户界面的使用

一、实训目的

主要通过 Linux 的安装练习和图形化界面的使用，熟练掌握虚拟机和 Linux 的安装，熟悉 Linux 操作系统环境和基本操作方法，进一步加深对 Linux 操作系统的认识。

二、实训内容

1)练习使用光盘在已安装 Windows 操作系统的计算机上安装 Red Hat Enterprise Linux 5。

2）Linux 图形化界面的使用。

三、实训总结

实训结束后提交实训报告。

思考与练习

1．选择题

（1）在 Bash 中超级用户的提示符是（　　）。

A．#　　B．$

C．grub>　　D．c:\>

（2）命令行的自动补齐功能要使用（　　）键。

A．“Tab”　　B．“Delete”

C．“Alt”　　D．“Shift”

（3）若一台计算机的内存为 128MB，则交换分区的大小是（　　）。

A．64MB　　B．128MB

C．256MB　　D．512MB

（4）内核不包括的子系统是（　　）。

A．进程管理系统　　B．内存管理系统

C．I/O 管理系统　　D．硬件管理系统

2．填空题

（1）Linux 一般有 4 个主要部分：________、________、________和__________。

（2）________是系统的心脏，是运行程序和管理如磁盘、打印机等硬件设备的核心程序。

（3）__________是系统的用户界面，提供了用户与内核进行交互操作的一种接口。

3．简答题

（1）Linux 系统的特点有哪些？

（2）Linux 系统由哪些部分组成？

（3）Linux 实用工具程序分为哪几类？分别用于什么方面？

（4）虚拟机如何安装？如何使用？

（5）虚拟机的网络配置有哪几种？

（6）Linux 系统安装的硬件需求有哪些？

（7）如何安装 Linux 系统？

第3章 Linux 桌面环境

桌面端应用一直被认为是 Linux 最薄弱的环节。而 Red Hat LinuxAS 5 在桌面方面进行了改进。本章主要介绍 GNOME 桌面环境下各系统管理。

本章主要知识点：

1）熟悉 GNOME 桌面环境。

2）熟悉 KDE 桌面环境。

3）熟练使用电子办公软件 OpenOffice.org。

4）熟练使用 VI 编辑器。

本章主要技能点：

1）掌握 Linux 的系统操作。

2）VI 编辑器三种工作模式的熟练转换。

3.1 GNOME 桌面环境

桌面环境通常是一组有着共同外观和操作方法的应用程序、程序库以及创建新应用程序的方法。目前，在 Linux 系统中最常见的桌面环境有两种：GNOME 和 KDE。每种桌面有不同的特征和外观，但其目标是一致的，即让用户在操作上得心应手。

GNOME（GNU Network Object Model Environment）最早是墨西哥软件设计师 Miguel De Icazq 于 1997 年发起和领导的一个图形桌面开发项目，主要目的是希望能够以完全免费的自由软件形式为用户提供一个完整、易学易用的桌面操作环境，并为程序设计人员提供强大的应用程序开发环境。

GNOME 项目得到了 Red Hat 的大力支持，目前属于 GNU（www.gun.org）计划的一部分，是一个基于 GPL 的自由软件，其代码可以免费得到。

GNOME 可以用多种程序设计语言编写，程序设计人员也不需要购买昂贵的版权来开发 GNOME 软件。事实上，GNOME 不受任何厂商约束，任一组件的开发或修改均不受限于某一厂商。

对于普通用户，GNOME 是一个界面整洁、友好的桌面操作环境，同时也是一个配置简单、功能强大且高效的窗口管理器。GNOME 包括面板区（用于启动/运行应用程序、显示状态等）、桌面区（容纳和放置应用程序与数据）及其他一些桌面工具和协议等。与 KDE 相比，GNOME 在效率和稳定性方面具有优势，但是在易用性方面要逊于 KDE。

GNOME 中提供了大量的应用程序，包括文字处理软件、电子表格软件、日历程序及可以与 Photoshop 相媲美的图形图像处理软件 Gimp 等，它们都位于 GNOME 桌面的“开始”程序中。

3.2 KDE 桌面环境

KDE（K Deskotop Enviroment，其中 K 不代表任何意义）是一个由德国人 Matthias Ettrich（lxy 软件开发者）于 1996 年 10 月发起的软件开发项目，目的是建立一个基于 X Window 标准和适应于 UNIX/Linux 的完整、易用的图形桌面。

KDE 不仅包含有文件管理器、窗口管理器、帮助系统、邮件和新闻客户、制图程序、附言和交换式数字视频系统等，还有大量和令人称道的图形界面配置工具。

KDM 一经推出即受到 Linux 用户的欢迎，世界各地的自由软件开发者纷纷加入到 KDM 项目的开发中，不断改进和完善 KDM 的各项功能。在 GNOME 出现之前，KDM 几乎成为 Linux 发行套件所使用的标准桌面环境。

KDM 目前虽然属于 GNU 免费软件，且所有的 KDM 库和功能都得到 GPL 的支持，但由于KDM本身基于TrollTech公司QT程序开发的软件，QT作为一个基于C++语言的优秀跨平台开发工具，其本身不是自由软件，任何人都不得随意修改QT源代码。QTC++交互平台工具包的使用（即使是免费的使用）需要得到其所有者的许可（Liceese）。更令KDM前景难以预料的是，如果出现TrollTech公司（QT库的所有者）更改QT License（如终止发放免费使用许可）、倒闭或被收购兼并等意外情况，则KDM能否继续得到完善和应用就成为一个未知数。在某种意义上，KDM不是完全免费的软件。

与许多同类的图形桌面环境相比，KDM拥有更多的应用软件，且易用性也更好。从KDM 3.0开始，支持语言种类已达50余种，套件包含核心KDM库、基本桌面环境和集成开发环境、数百个应用程序以及其他工具包（包括管理、艺术、开发、教育、游戏、多媒体、个人信息管理等），且后续的版本在稳定性和可靠性方面的表现也更加出色。

KDM的主要应用程序包括具有文件管理和Web浏览功能的Konqueror浏览器、KDM控制中心（Kcontrol Center）、KMD集成开发工具（Kdvelop）、KMD X控制台（Konsole）等。

3.3 电子办公软件OpenOffice.org应用

3.3.1 文字处理

在Windows中进行文字处理，通常使用的是Word。而在Linux中同样也有文字处理软件，就是OpenOffice.org Writer，如图3-1所示。

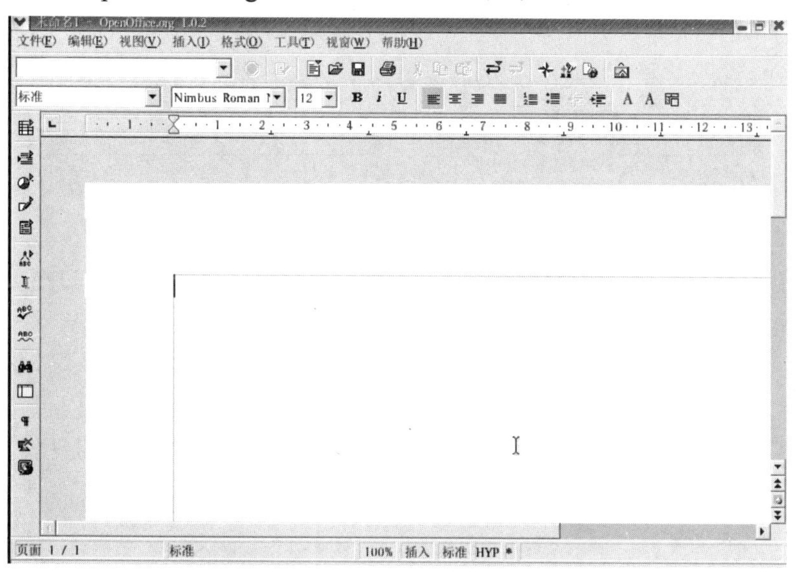

图3-1 OpenOffice.org Writer主界面

在 OpenOffice.org Writer 中进行文字处理非常简单，与 Windows 系统的办公组件相似。

文档编辑:

1）选择“文件”→“新建”→“文本文档”命令新建文档，或是选择“文件”→“打开”命令打开已经存在的文件，在弹出的对话框中选择具体的文字内容，如图 3-2 所示。

2）打开文档后，用户可以选择合适的字体，如图 3-3 所示。

3）确定文字格式后，还可以选择文字大小。在字体格式右边的下拉框中选择即可，如图 3-4 所示。

需要保存文本时，选择“文件”→“存盘”命令。用户还可以从“文件类型”下拉菜单中选择文件保存类型。

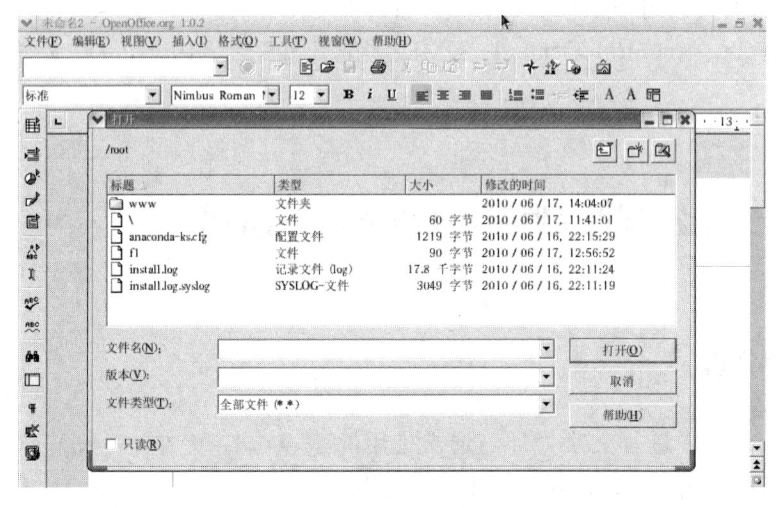

图 3-2　打开文档

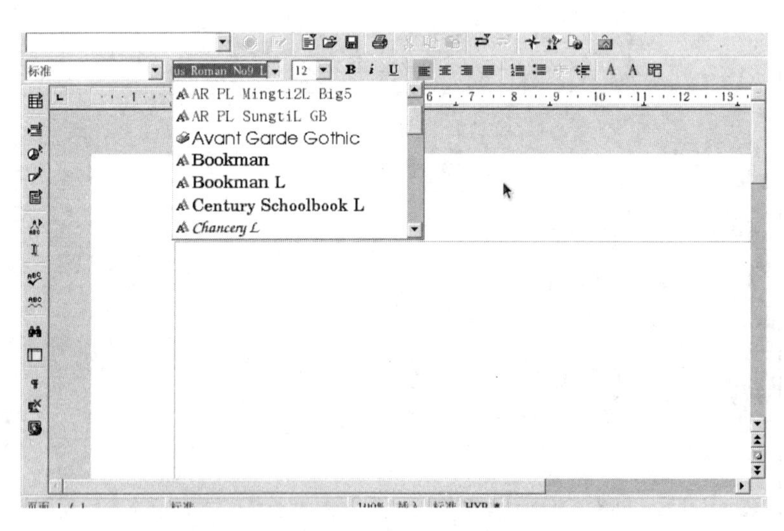

图 3-3　字体列表

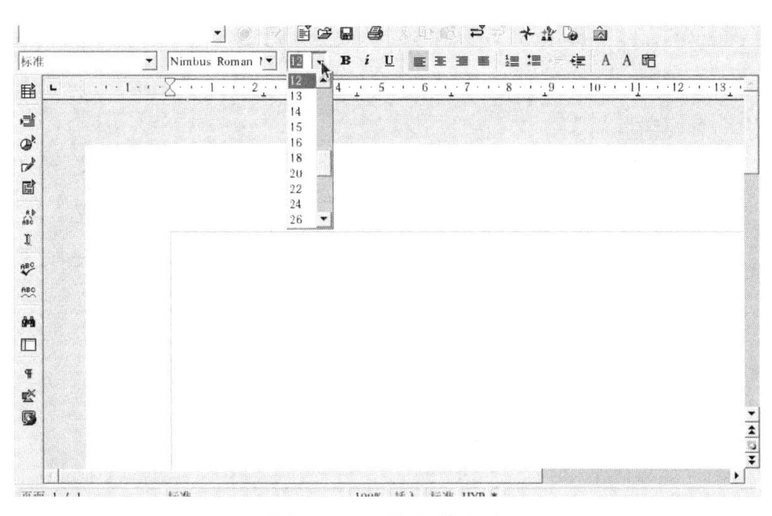

图 3-4 调整字体大小

3.3.2 表格处理

OpenOffice.org Clac 是 OpenOffice.org 办公套件中专门制作电子表格的应用程序。Clac 不仅仅是一个表格处理工具，其计算、统计以及数据库功能使其拥有更加广泛的使用群体。它可以执行一组单元格的计算（如加减一系列单元格），或根据单元格组来创建图表。甚至可以把电子表格的数据融入文档来增加专业化色彩。

选择“应用程序”→“办公”→“Spreadsheet”命令，启动 OpenOffice.org Clac 程序，如图 3-5 所示。

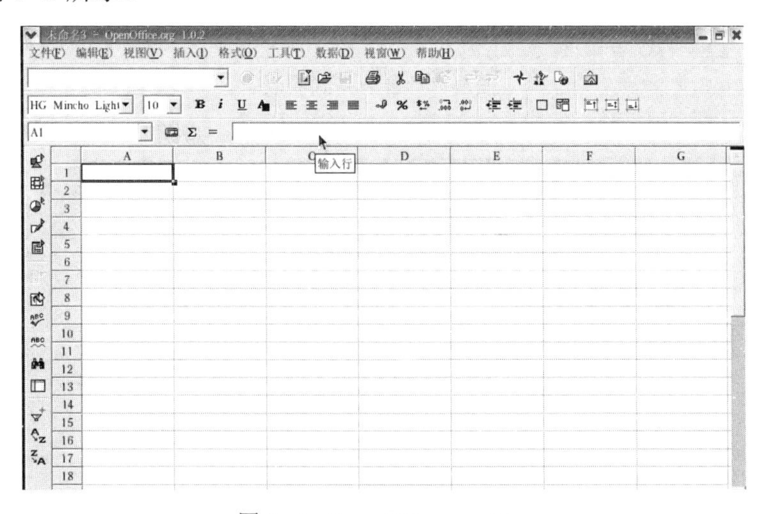

图 3-5 OpenOffice.org Clac

OpenOffice.org Clac 可以输入处理个人和商业数据。OpenOffice.org Clac 中用户可以使用更直观的图标或图来表示百分比、份额等。在 OpenOffice.org Clac 中有多种图标的模板供用户选择。简要介绍其使用功能如下：

1）选择要编辑图标的区域，选择“插入”→“图表”命令，弹出“自动格式图表”对话框，如图 3-6 所示。在“自动格式图表”对话框中，选择的数据范围会被显示在文本框内供进一步定制。

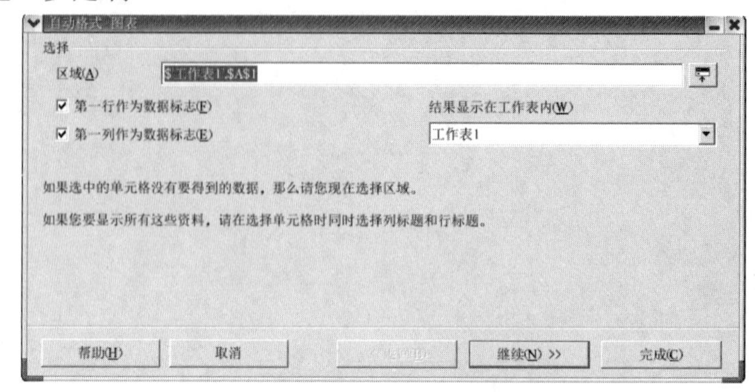

图 3-6 “自动格式图表”对话框

2）单击“继续”按钮，弹出“图标类型”对话框，如图 3-7 所示。在该窗口中显示使用这些数据所能创建的不同图标样式。

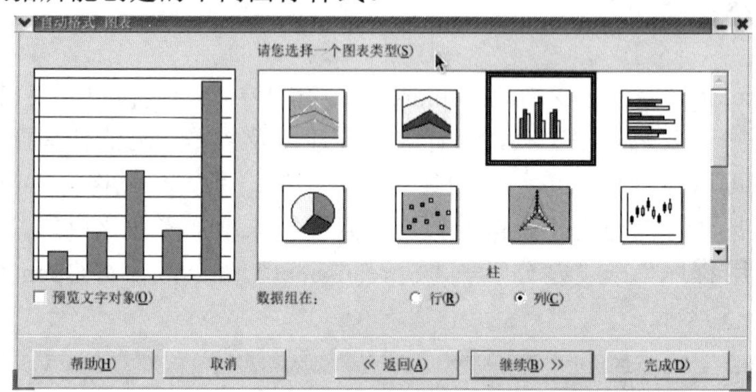

图 3-7 自动格式图表

3）选择需要的图标样式，单击“完成”按钮即可，如图 3-8 所示。

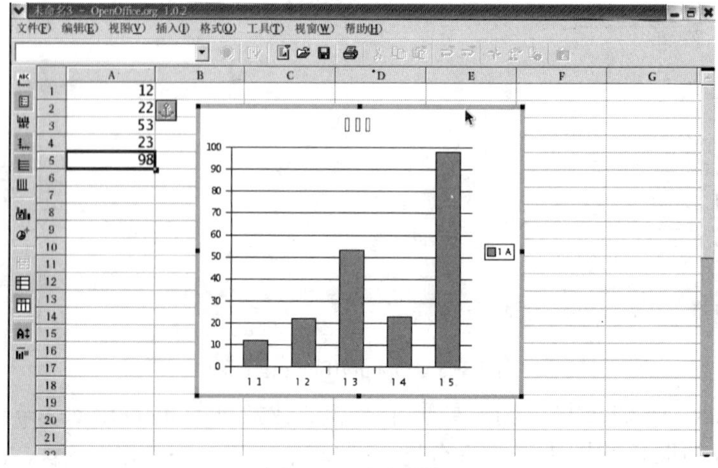

图 3-8 建立图标

OpenOffice.org Clac 提供了多种函数供用户处理数据使用，可以单击工具条件上的“函数自动助理”按钮，打开“函数向导”对话框。用户可以很方便地查找到自己需要的函数，如图 3-9 所示。利用“函数向导”就可以对工作表进行统计分析。

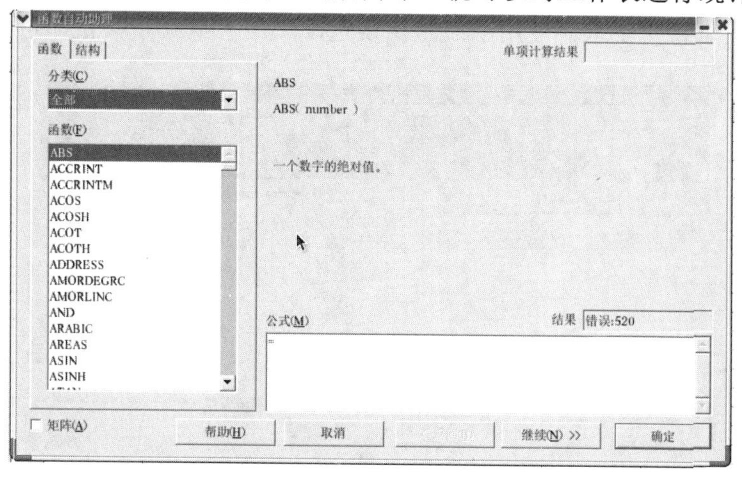

图 3-9 “函数向导”对话框

3.3.3 幻灯片制作

OpenOffice.org Impress 是 OpenOffice.org 办公套件中制作幻灯片的应用程序。作为电子幻灯片制作领域最优秀的软件之一，OpenOffice.org Impress 从幻灯片的制作到放映都不逊色于同类软件。其具体制作步骤如下：

1）选择“应用程序”→“办公”→“Presentation”命令，启动 OpenOffice.org Presentation。如果是首次启动 OpenOffice.org Impress，系统就会出现“自动文件助理演示文稿”对话框，如图 3-10 所示。它可以帮助用户从已有的样式模板集合中创建演示文稿。用户不但可以创建带有列表或图像的幻灯片，还可以把 OpenOffice.org 套件中的其他组件产生的图表导入幻灯片中。

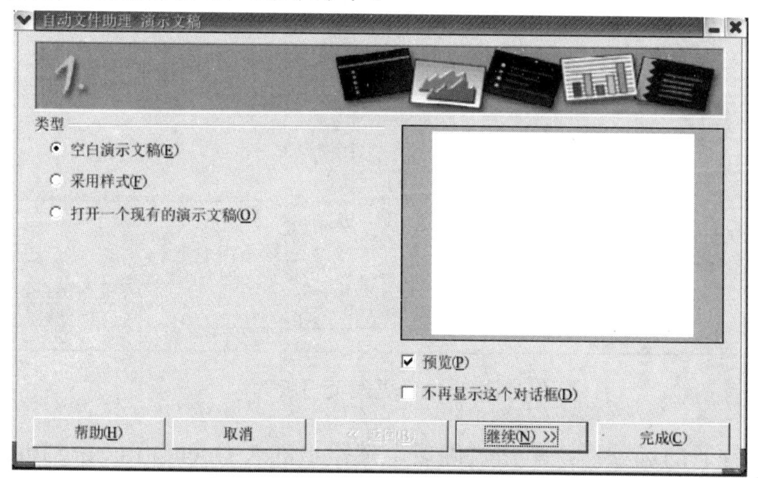

图 3-10 “自动文件助理演示文稿”对话框

2）选择需要的文件类型，单击“继续”按钮，在接下来的“自动文件助理演示文稿”对话框中，系统提示用户输入想制作的演示文稿类型的基本信息。用户可以选择幻灯片的风格演示、幻灯片的介质（普通纸、幻灯片透明纸或显示器），如图 3-11 所示。如果没有特殊要求，使用系统默认设定，单击“继续”按钮即可。

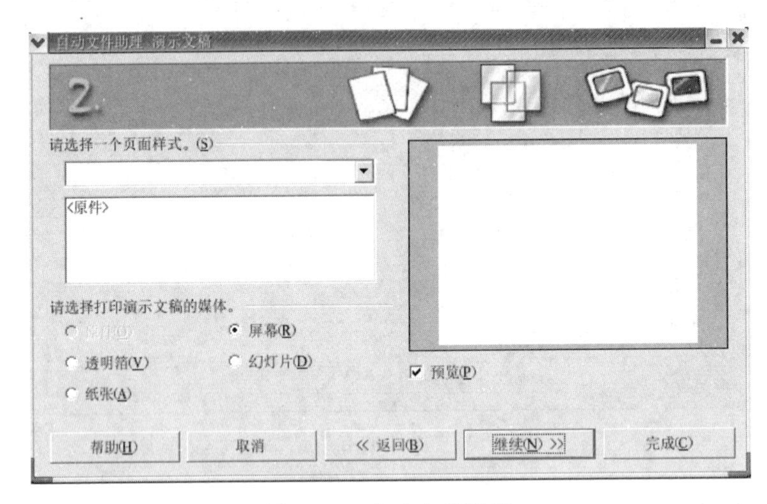

图 3-11　自动文档设置

3)在该步骤中可以设定在计算机上演示幻灯片时要应用的视觉效果以及幻灯片更新速度等动画内容，如图 3-12 所示。也可以根据实际需要在对话框的下部设置具体的演示速度。

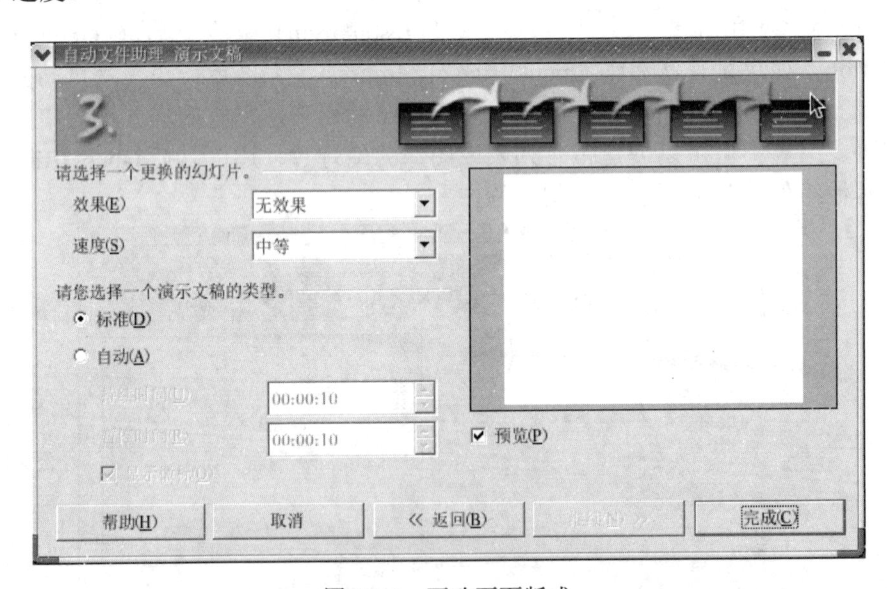

图 3-12　更改页面版式

4）选择合适的选项后，单击“确定”按钮，进入 OpenOffice.org Impress 主页面，如图 3-13 所示。

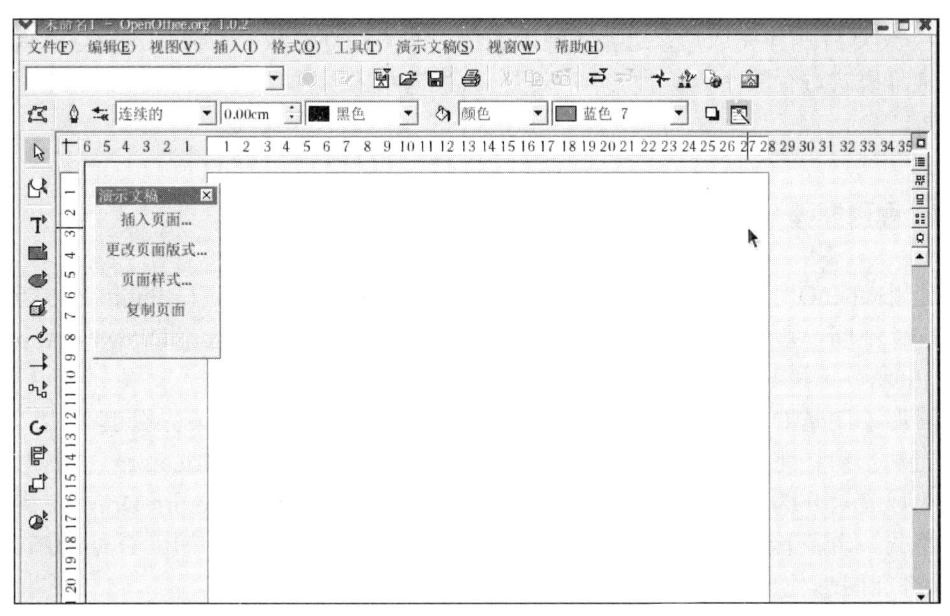

图 3-13 OpenOffice.org Impress 主页面

5）在主页面空白处输入文字或图片，即可对幻灯片进行编辑。在幻灯片中，用户不但可以对页面之间的切换设置动画，还可以为页面中的内容设置动画，丰富幻灯片的表达样式，提高表达效果。在主界面中选取任意一块文字或图片区域，选择 OpenOffice.org Impress 页面右侧的“自定义动画”选项卡，如图 3-14 所示。

6）单击“添加”按钮，在弹出的对话框中选择具体的动画样式，如图 3-15 所示。选择后系统自动预览效果。

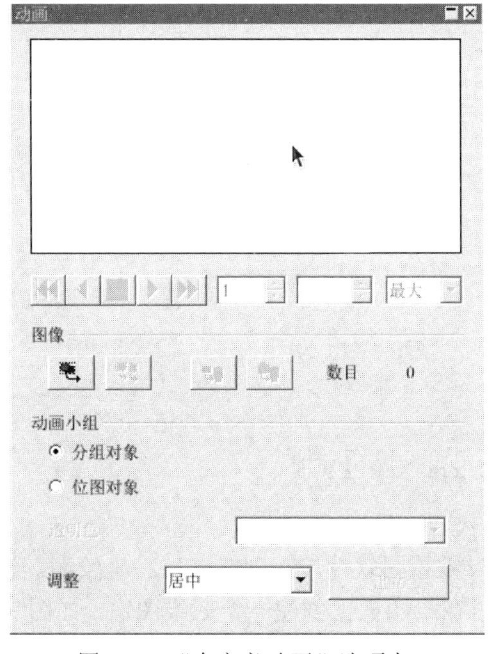

图 3-14 “自定义动画”选项卡

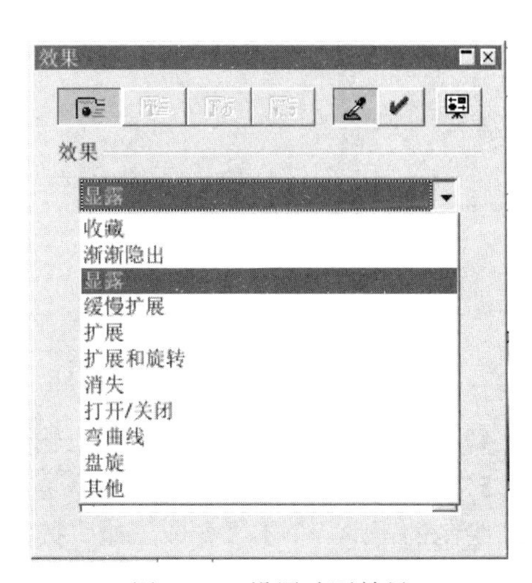

图 3-15 设置动画效果

7）幻灯片制作完成后，选择“演示文稿”→“幻灯片放映”命令，幻灯片就会进入全屏幕模式进行演示。演示完毕后幻灯片会自动退出，如果需要中途退出，按“Esc”键即可。

3.3.4 图形处理

使用 OpenOffice.org Draw 创建的图形主要是各种示意图形，与 Photoshop 等图形处理软件不同，它使用的是矢量图，而非位图模式。OpenOffice.org Draw 与 Adobe 公司的 Illustrator 和 Feehand 属于同一类。

图形绘制是 OpenOffice.org Draw 的强项。在 OpenOffice.org 办公套件中，虽然每个组件都有图形绘制模块，但 OpenOffice.org Draw 是 OpenOffice.org 中图形处理的集大成者。作为专业的矢量图形绘制和处理软件，OpenOffice.org Draw 支持多种存储格式，并且能将多种格式的图片输入打印。下面介绍如何使用 OpenOffice.org Draw 进行图形处理。

1）启动 OpenOffice.org Draw，选择“应用程序”→“办公”→“OpenOffice.org Draw”命令，进入 OpenOffice.org Draw 主页面，如图 3-16 所示。

2）在 OpenOffice.org Draw 中绘制图形和其他软件没有太大的差别，单击窗口下侧绘制工具，利用鼠标即可完成。例如，单击页面下侧的矩形按钮，在绘图板上绘制一个矩形，如图 3-17 所示。

3）单击“颜色”下拉菜单，选择矩形的颜色，如图 3-18 所示。

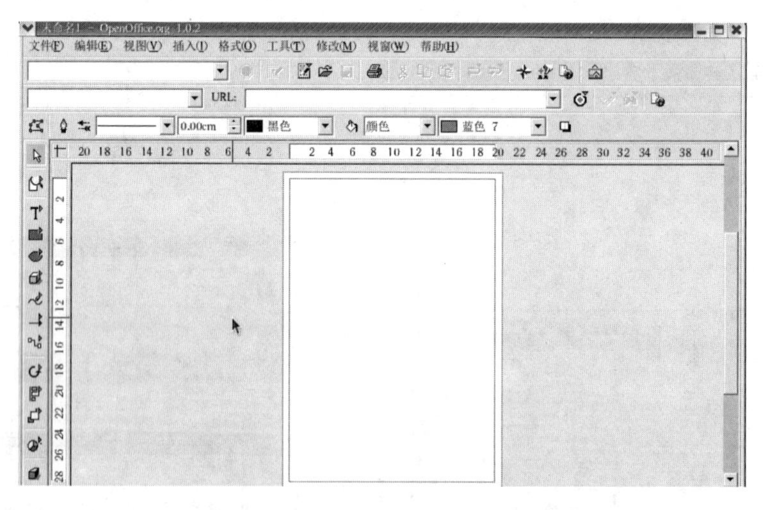

图 3-16　OpenOffice.org Draw 主页面

4）单击文字按钮，在绘图板上输入文字，如图 3-19 所示。

5）OpenOffice.org Draw 不单单是一款二维绘图软件，它同时支持三维绘图。选择刚才绘制的矩形，单击“变成三维”按钮，可在绘图板上创建一个三维图像，如图 3-20 所示。

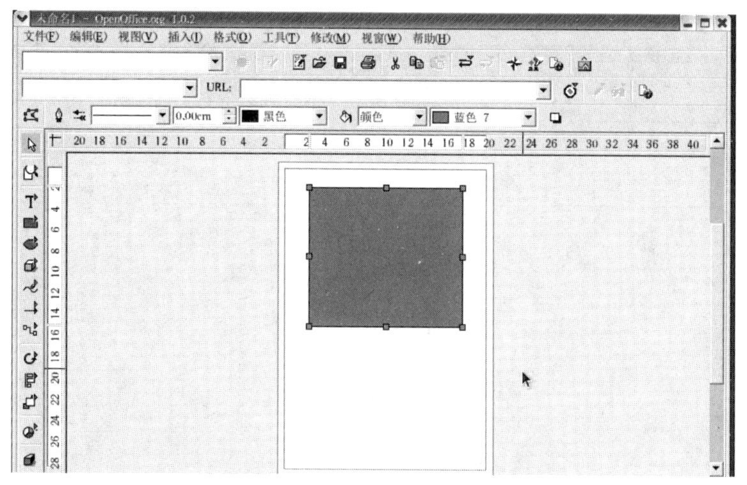

图 3-17 绘制矩形

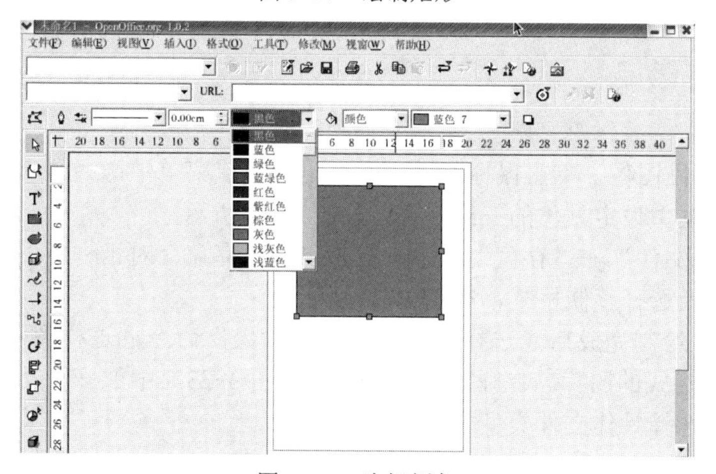

图 3-18 选择颜色

图 3-19 输入文字

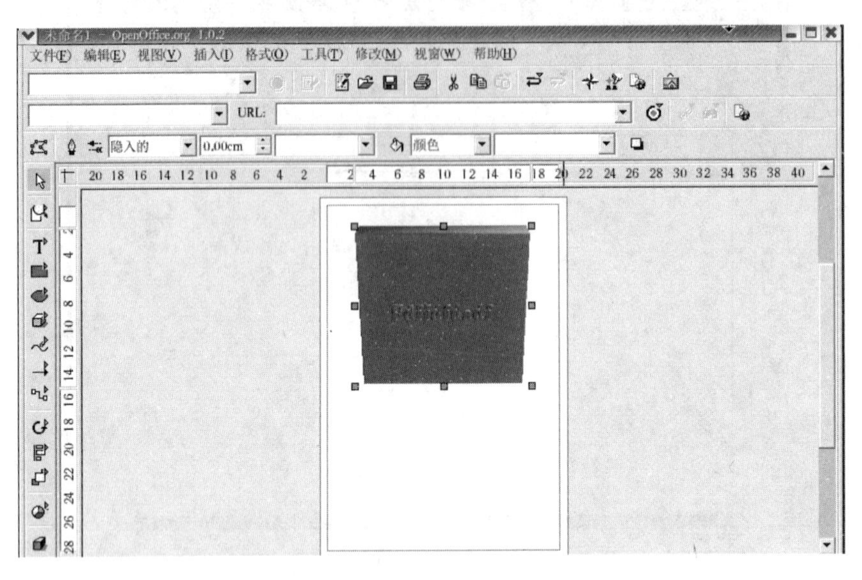

图 3-20　三维图像

6）选择三维图像，单击鼠标右键，在弹出的快捷菜单中选择“三维效果”选项，在弹出的对话框中设定具体的三维效果，如图 3-21 所示。

7）选择“文件”→“存盘”命令，在弹出的“存盘”对话框中，选择存储路径、填写文件名以及选择存储格式，如图 3-22 所示。

8）当图片绘制完成后，选择“文件”→“输出”命令，这样图片就可以保存为 GIF、JPEG 等格式的图片。在弹出的对话框（见图 3-23）中展开“文件类型”选项，在下拉列表中选择具体文件类型。

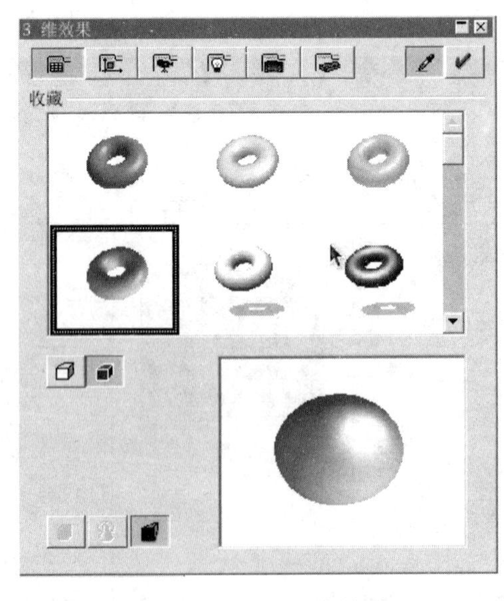

图 3-21　设置三维效果

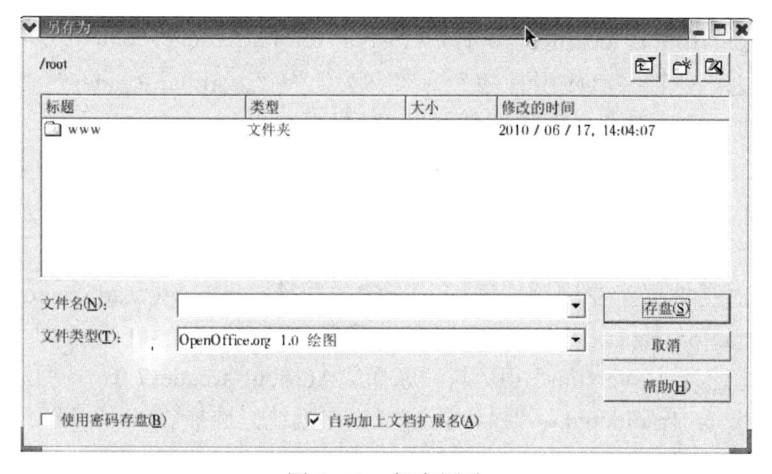

图 3-22 保存图片

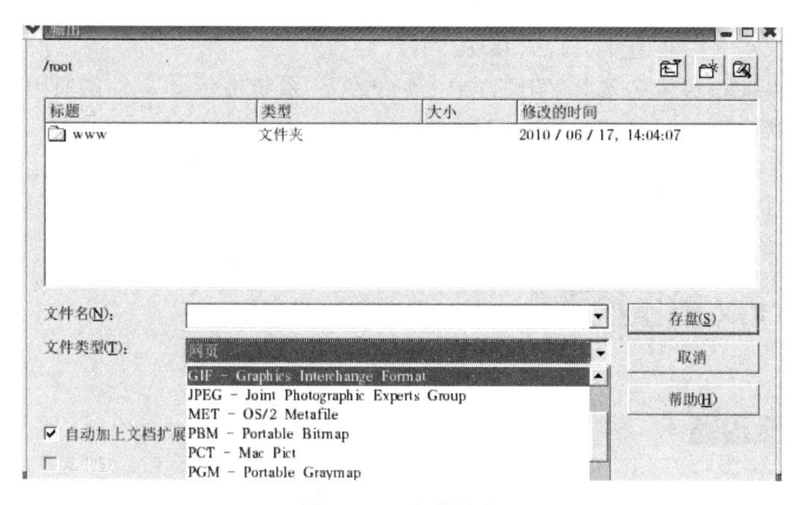

图 3-23 文件输出

3.3.5 使用 Acrobat Reader 查看 PDF 文件

PDF（Acrobat Reader Format，可移植文档格式）是文档的电子映像，由 Adobe 公司开发并倡导使用，也是发行文档的标准格式之一。

要查看 PDF 文档，必须有 PDF 浏览器，如 Adobe 公司免费提供的 Acrobat Reader。Acrobat Reader 可以运行在 Windows、Fedora6 以及 Mas OS（苹果计算机操作系统）等系统上。正因为 PDF 可以在多种系统平台上使用，所以在多种系统环境下传送文档优先采用 PDF 格式，操作方法如下。

1）在 Linux 系统中使用 Acrobat Reader 查看 PDF 文档，需要安装 Acrobat Reader。因为 Linux 系统中并没有集成 Acrobat Reader，用户可以从网上下载 Linux 环境下可使用的 Acrobat Reader。Adobe 网站上现在 Acrobat Reader for Linux 的最新版本是 AcrobatReaderenu-7.0-1.i386.rmp。在安装 Acrobat Reader 时，只需双击安装文件或在

命令行下输入：[root@ localhost root] #rpm-ivh AcrobatReader—enu-7.0.9-1.i386.rpm。

2）安装之后，选择“应用程序”→“办公”→“Acrobat Reader”命令启动软件，在第一次启动时显示器会出现介绍软件的使用协议。

3）单击“Accept”按钮就可以使用软件了。软件并没有自带中文支持功能，如果需要打开中文内容的 PDF 文档，则会弹出“提示”对话框，提示用户去 Adobe 网站上下载相应的中文补丁包。

4）按照对话框提示在浏览器中输入正确的网址：http:www.adobe.com/products/acrobat/acrrasianfontpack.html。在网页的选项中按照实际内容在下拉列表框中选择相应的内容，此处为：“Version”（版本）选择“Acrobat Reader7.0x”，“Language”（语言）选择“China Traditional”；“Platform”（操作系统）选择“Linux x86”，选择完毕后单击“Download”按钮。

5）选择下载之后系统提示用户将文件保存到磁盘中。

6）保存完毕后双击此文件解压缩。

7）在解压的目录中选择“INSTALL”文件，系统提示此文件的打开方式，在此处选择“在终端中运行”即可。

8）按照安装的提示内容输入正常的选择，即可将中文补丁安装成功，这样就可以使用 Acrobat Reader 来浏览 PDF 文档了。

3.4 Linux 的系统操作

3.4.1 显示设置

Linux 系统和 Windows 一样，提供了图形化配置工具，用户可以非常方便地进行显示设置。选择“系统”→“管理”→“显示”选项，弹出“显示设置”对话框，如图 3-24 所示。

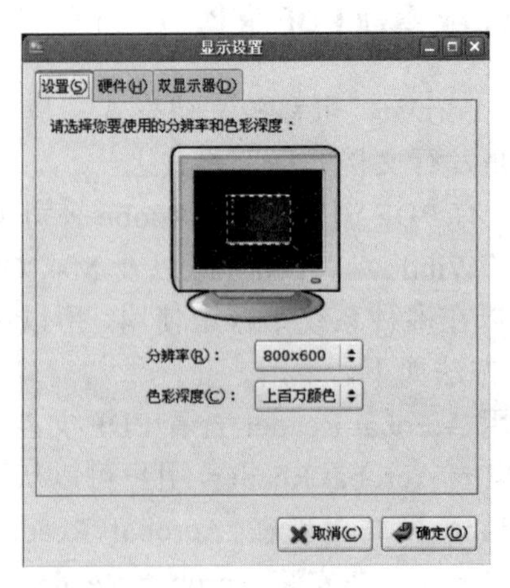

图 3-24 “显示设置”对话框

“显示设置”对话框包括“设置”、“硬件”和“双显示器”3个选项卡。单击“设置”选项卡，在此选项卡中，用户可以设置显示器的分辨率和色彩深度。

1. 设置分辨率和色彩深度

在“设置”选项卡中，单击“分辨率”下拉列表框，用户可以选择合适的分辨率。一般分辨率都是和显示屏的大小相匹配的。

在“色彩深度”下拉菜单列表框中，选择适合自己显示器和显卡的色彩深度，一般默认为“上百万颜色”选项。单击“确定”按钮，即可完成修改。

2. 硬件设置

单击“硬件”选项卡，如图3-25所示，用户可以设置显示器类型和视频卡类型。

单击“显示器类型”选项中右边的“配置”按钮，进入“显示器设置”对话框，如图3-26所示。在对话框的下拉列表中列出了显示器类型，从中选择匹配的显示器类型。可选择显示器分为两大类：CRT（显像管显示器）和LCD（液晶显示器），根据实际硬件的情况选择具体配置。

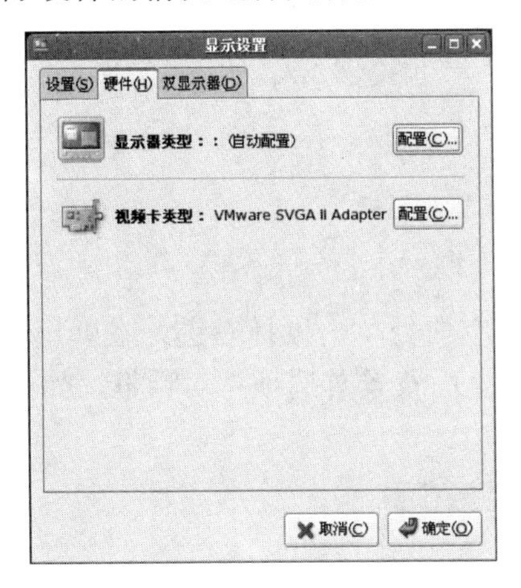

图3-25 硬件设置

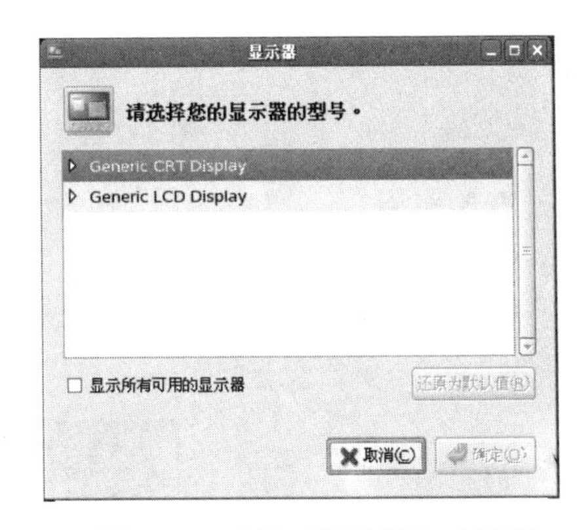

图3-26 “显示器设置”对话框

单击“视频卡类型”选项中右边的“设置”按钮，打开“视频卡设置”对话框，如图3-27所示。

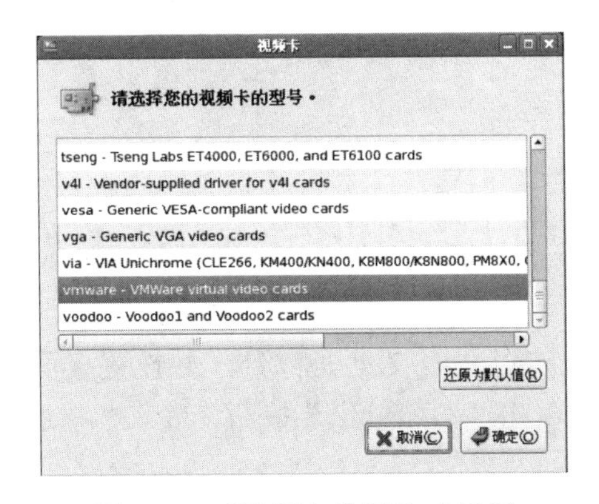

图3-27 “视频卡设置”对话框

对话框中列出了各种视频选项卡类型，选择正确的视频卡类型。一般系统都会自动检测出视频卡的正确信息，不需要用户自己设置。

3．双显示器设置

“双显示器设置”对话框如图 3-28 所示。

在这个对话框中可以设置第二个显示器的类型、视频卡类型、分辨率、色彩深度和桌面布局。

图 3-28 “双显示器设置”对话框

4．设置桌面

要在桌面模式下设置桌面背景图像，可以在空白处单击鼠标右键，在弹出的快捷菜单中选择“改变桌面背景”选项，系统弹出“桌面背景首选项”对话框，如图 3-29 所示。

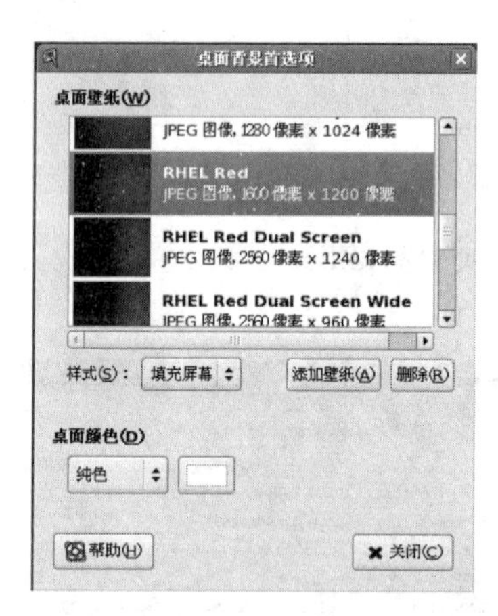

图 3-29 “桌面背景首选项”对话框

在该对话框中，用户可以自定义桌面背景，并设置桌面颜色，也可以添加桌面背景图片。如要选择图片，单击“添加壁纸”按钮，进入“添加壁纸”对话框，如图 3-30 所示。

在该对话框中，用户可以选择系统自带的几幅桌面图片，也可以自定义选择。选定后，单击“打开”按钮。系统改变桌面，如图 3-31 所示。

图 3-30 “添加壁纸”对话框

图 3-31 改变后的桌面

3.4.2 配置声卡

声卡的配置比较简单，一般声卡系统都能检测到其类型，并自动安装相应的驱动程序。在 Linux 系统中已经自带了很多驱动，大多数都能被测试到。如果在安装声卡的时候没有进行配置，可以选择“系统”→“管理”→“声卡测试”选项，系统就会自动检测声卡，并安装相应的驱动程序，如图 3-32 所示。

检测完毕后，用户可以单击“播放测试声音”按钮，检测声卡是否配置成功。

图 3-32 声卡测试

3.4.3 网卡设置

网卡的配置一般在安装系统时就已经配置完毕。如果安装系统时没有进行网络配置，选择“系统”→“管理”→“网络”命令，进入网络配置图形化窗口，如图 3-33 所示。

在图形网络配置工具中，用户可以很简单地进行网络设备、网络硬件、DNS 和主机配置。

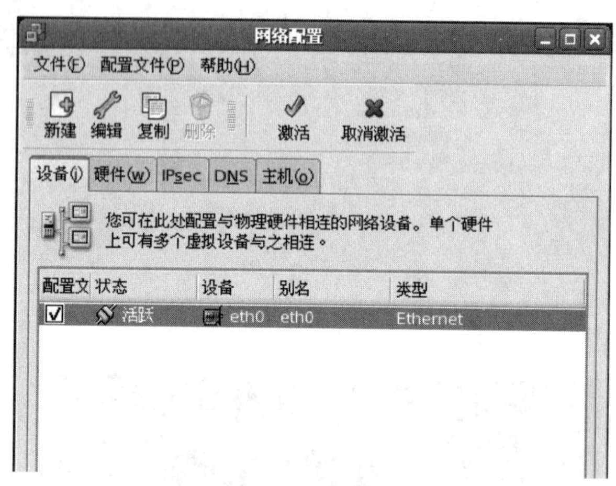

图 3-33　网络配置

1. 设置 IP 地址、子网掩码和网关

IP 地址、子网掩码和网关是网络最基本的设置。只有配置了 IP 地址，计算机才能在网络中通信。要设置它们，需要在“网络配置”对话框中单击“编辑”按钮，进入“以太网设备”对话框，如图 3-34 所示。

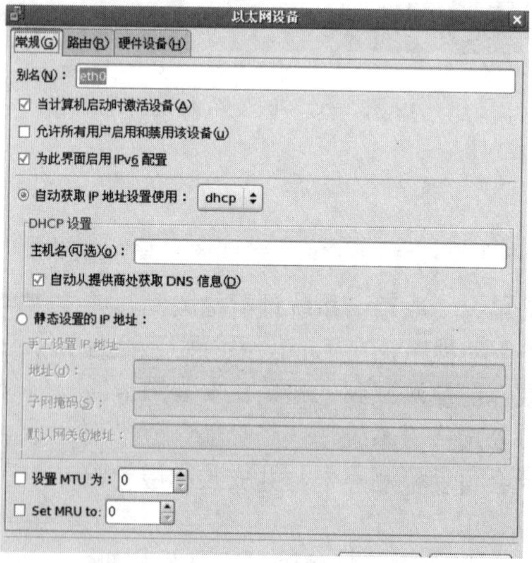

图 3-34　“以太网设备”对话框

在该对话框中选择“静态设置的 IP 地址”选项，然后依次输入 IP 地址、子网掩

码和默认网关地址。

在此对话框中用户还可以设置系统自动获得的 IP 地址，前提是已经配置了 DHCP 服务器。要想让系统自动获得 IP 地址，只需选取“自动获取 IP 地址设置使用”选项即可。

2. 设置路由

在“以太网设备”对话框中，单击“路由”选项卡，如图 3-35 所示。如果用户需要通过路由器进行通信，则要设置相应路由的 IP 地址。如果还没有添加，可以单击“添加”按钮，打开“添加/编辑 IP 地址”对话框，在此对话框中填写相应的 IP 地址、子网掩码和网关。如果已经添加了，还可以通过“编辑”按钮来更改。

图 3-35 路由设置

3. 配置 DNS

在“网络配置”对话框中，单击“DNS”选项卡，如图 3-36 所示。在“DNS”选项卡中，用户可以配置主机名。这个主机名是本机的名字，而不是 DNS 服务器的主机名。在主 DNS、第二 DNS 和第三 DNS 中用户可以填写 DNS 服务器的域名或者 IP 地址，建议填写 IP 地址。

图 3-36 DNS 配置

3.5 VI 编辑器

3.5.1 VI 编辑器的三种模式

VI 的编辑环境没有菜单，只有键盘命令，且命令繁多。VI 有三种基本工作模式：命令行模式、文本输入模式和末行模式。

1. 命令行模式

在命令模式下，从键盘上输入的任何字符都被当作编辑命令来解释。若输入的字符是合法的 VI 命令，则 VI 在接受用户命令之后完成相应的操作，但所输入的命令并不在屏幕上显示出来。若输入的字符不是 VI 的合法命令，VI 会响铃报警。在命令模式下，屏幕底行不显示信息。

从 Shell 环境中输入启动命令："VI"，进入 VI 编辑器后处于命令模式下。

2. 文本输入模式

在命令模式下输入插入命令（i）、附加命令（a）、打开命令（o）、修改命令（c）、取代命令（r）或替换命令（s），都可以进入文本输入模式。在该模式下，用户输入的任何字符都被 VI 当成文件内容，并将显示在屏幕上。在文本输入过程中，若想回到命令模式下，可按"Esc"键。

3. 末行模式

在命令模式下，用户输入"："，就进入末行模式。此时，VI 会在最后一行显示一个"："作为提示符，等待用户输入命令。多数文件管理命令都是在末行模式下执行的。在末行模式下可按"Delete"键，或用退格键"←"删除输入的命令，就回到命令模式。VI 的运行模式如图 3-37 所示。

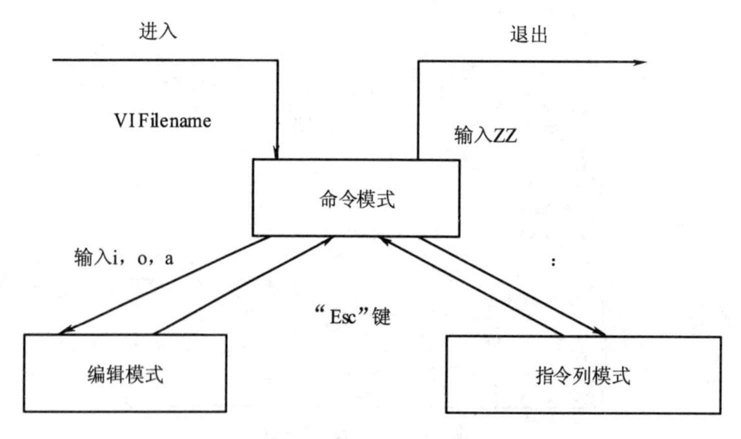

图 3-37　VI 编辑器三种工作模式的转换

3.5.2 VI编辑器的常用命令

编辑模式下的常用命令见表3-1。

表3-1 编辑模式下常用命令

G	用于直接跳转到文件尾
dd	删除光标所在的整行
YY	将当前行的内容复制到缓冲区
p	将缓冲区的内容写出到光标所在的位置
/str	往右移动到有 str 的地方
?str	往左移动到有 str 的地方
n	向相同的方向移动到有 str 的地方
N	向相反的方向移动到有 str 的地方
u	取消前一次的误操作
.	再执行一次前面刚完成的某个命令

命令模式下的常用命令见表3-2。

表3-2 命令模式下常用命令

:n1,n2 co n3	将从 n1 开始到 n2 为止的所有内容复制到 n3 后面
:n1,n2 m n3	将从 n1 开始到 n2 为止的所有内容移动到 n3 后面
:n1,n2 d	删除从 n1 开始到 n2 为止的所有内容
:n	直接输入要移动到的行号即可实现跳行
:/str/	从当前光标开始往后移动到有 str 的地方
:?str?	从当前光标开始往前移动到有 str 的地方
:s/str1/str2/	将 str1 替换为 str2
:s/str1/str2/g	将所有的 str1 替换为 str2
:!Cmd	运行 Shell 命令 Cmd
:r ! Cmd	将命令运行的结果写入当前行位置
:set autoindent	缩进每一行，使之与前一行相同。常用于程序的编写
:set noautoindent	取消缩进
:set number	在编辑文件时显示行号
:set nonumber	取消行号显示
:set ruler	在屏幕底部显示光标所在的行、列位置
:set noruler	不显示光标所在的行、列位置

实训项目二　OpenOffice.org 应用

一、实训目的

掌握 OpenOffice 在文字处理、表格制作、幻灯片制作以及图形处理等多方面的优秀功能。

二、实训内容

1．制作报销单

报销单样式如图 3-38 所示。

报　销　单

填报日期：____________

报销人信息　　　　　　　　　　　　　　　　　　票据期限

姓名__________　部门__________　　　　从　2012 年 3 月 15 日

职务__________　电话__________　　　　至　2012 年 5 月 24 日

报销费用明细

日期	说明	住宿	交通	汽油	膳食	电话	招待	杂费	合计
2012/4/23		¥180.00	¥90.00		¥280.00				¥550.00
2012/3/15		¥130.00	¥100.00		¥210.00				¥440.00
2012/3/28			¥80.00		¥340.00				¥420.00
2012/5/24		¥150.00	¥90.00		¥400.00				¥640.00
2012/5/22		¥280.00	¥110.00		¥550.00				¥940.00
小计		¥740.00	¥470.00		¥1 780.00				
总计									¥2 990.00
人民币总计（大写）		贰仟玖佰玖拾元零角零分							

审批人意见　审批人签字

图 3-38　报销单样式

要求：

（1）数据类型　日期下的数据类型为“yyyy”年“m”月“d”日。住宿、交通等下面的数据为货币型。

（2）应用函数

1）在票据期限中，需要填上起止时间，即“报销费用明细”中的最早时间和最晚时间。通过 MAX()函数和 MIN()函数解决。

2）SUM()函数：实现“小计”、“合计”、“总计”处的自动求和。

（3）保护单元格　默认情况下，工作表中所有的单元格是被锁定的。要设置特定单元格保护，首先要将不需要保护的单元格的锁定状态解除。

2. 制作电子演示文稿

幻灯片如图 3-39 所示。

第一张

第二张

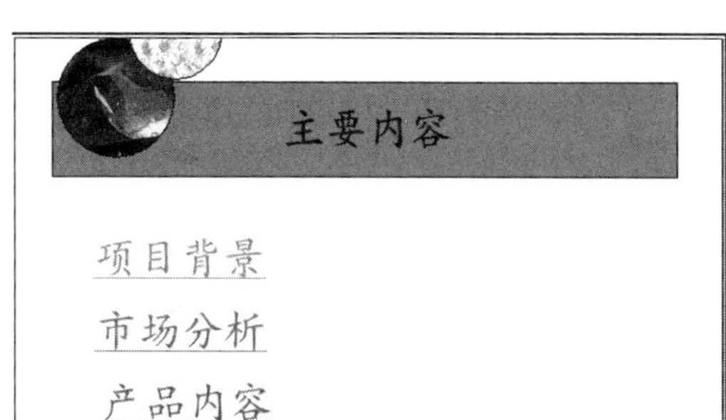

第三张

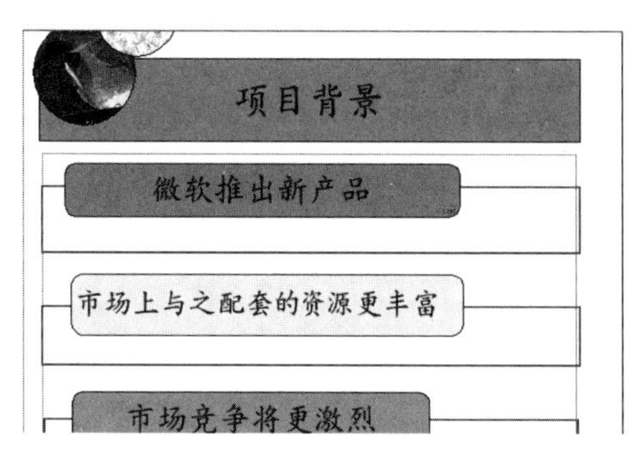

第四张

图 3-39　幻灯片

要求：

（1）创建模板。

（2）创建演示文稿。

（3）制作带图表的幻灯片。

三、实训总结

实训结束后提交实训报告。

实训项目三　VI 编辑器的使用

一、实训目的

掌握 VI 的编辑操作及三种工作模式之间的转换。

二、实训内容

实训前准备：

1）在 st××目录下创建 test 子目录。

2）用 cat 在 test 目录下创建文件 file1，内容自定。

（1）用 VI 打开并编辑 file1 的内容

1）修改第二行的内容。

2）在末尾添加一行。

3）练习三种工作模式之间的转换。

4）存档并离开 VI。

（2）文本编辑器 VI 的使用

1）新建文件。输入命令：vi myfile。

2）输入插入命令 i（屏幕上看不到字符 i）。

3）输入以下文本行：

To the only woman tht I love,

For mand year you have been my wife.

4）发现这两行有错误，进行改正：

按光标上移键，使光标移到第一行。

按光标左移键，使光标移到“tht”的第二个“t”处，输入 a。该行变成如下形式：

To the only woman that I love,

修改第二行的“mand”为“many”。

5）接着输入：

I love you dearly with my life.

and could not have picked much better.

6）将编辑的文本文件存盘并退出。

7）重新进入 VI 编辑程序，编辑上面的文件。在屏幕上见到 myfile 文件的内容。在屏幕底边一行显示出该文件的名称、行数和字符个数："myfile"4 lines，130 characters。

但是仍然有错，需要进一步修改。

8）将光标移到第二行的 year 的 r 处。输入 a 命令，添加字符 s。

9）按“Esc”键，回到命令方式。输入命令 10〈Space〉，将光标右移 10 个字符位置。

10）利用取代命令 r，将 mywife 改为 my wife。

11）将光标移至第三行。输入新行命令 O（大写字母），屏幕上光标移至上一行（新加空行）的开头。

12）输入新行的内容：

We've been through much together

此时，VI 处于哪种工作方式？

13）按“Esc”键，回到命令方式。将光标移到第四行的 live 的 i 字母处，利用替换命令 s 将 i 改为 o。

14）在第四行的 you 之后添加单词 dearly。将 wich 改为 with。

15）修改后的文本如下：

To the only woman that I love,

For many years you have been my wife

We've been through much together

I love you dearly with my life

and could not have picked much better.

将该文件存盘，退出 VI。

16）重新编辑该文件，并将光标移到最后一行的 have 的 v 字母处，使用 d$命令将 v 至行尾的字符全部删除。

17）现在想恢复原状，怎么办?（使用复原命令 u）

18）使用 dd 命令删除第一行；将光标移至 through 的 u 字母处，使用 C（大写字母）命令进行修改，随便输入一串字符。将光标移到下一行的开头，执行 5x 命令；然后执行重复命令。

19）此时屏幕内容乱了。现在想恢复至第 17）步的原状，怎么办?（不写盘，强行退出 VI）能用 u 或 U 命令恢复屏幕原状吗?

三、实训总结

实训结束后提交实训报告。

思考与练习

1. 选择题

（1）Linux 系统中权限最大的账户是（　　）。

A．admin　　B．root

C．guest　　D．super

（2）在通常情况下，登录 Linux 桌面环境，需要（　　）。

A．任意一个账户

B．有效合法的用户账户和密码

C．任意一个登录密码

D．本机 IP 地址

2. 填空题

（1）VI 编辑器有三种基本工作模式：__________、__________和__________。

（2）__________、__________和__________是网络最基本的设置。

（3）在 Linux 系统中最常见的桌面环境有两种：__________和__________。

3．简答题

（1）Linux 系统中经常使用的两种桌面环境是什么？

（2）如何在 GNOME 中运行应用程序？

（3）电子办公软件中包括哪些应用软件？

（4）如何在 Linux 系统中使用 Acrobat Reader 查看 PDF 文档？

（5）VI 的三种运行模式为何？如何切换？

第4章 Linux的系统管理

Linux 主要应用在网络环境中，图形用户界面固然非常直观友好，但是占用很多系统资源。而字符界面操作方式可以更高效地完成所有的操作和管理任务。因此，字符操作方式依然是 Linux 系统最主要的操作方式。

作为网络管理员，势必要管理与维护网络操作系统平台。例如，添加用户、设置用户账号的有效期限、创建目录和文件、从文件中提取人员信息等操作，都是需要通过熟练地操作 Shell 命令来完成的。

本章主要知识点：

1）掌握 Linux 目录结构和文件的管理。
2）掌握重定向和管道的概念。
3）掌握进程的概念。
4）掌握 Shell 脚本的编写方法。

本章主要技能点：

1）熟练使用 Shell 命令管理文件和目录。
2）熟练使用 Shell 命令管理用户和组。
3）熟练掌握权限管理。
4）熟练掌握重定向和管道的使用。
5）熟练使用文件压缩与归档。
6）熟练使用 RPM 软件包管理。
7）熟练掌握网络环境的配置。

4.1 Linux Shell 操作

Linux 基本的人机交互接口是被称为 Shell 的程序，该程序接收用户发出的命令，检查无误后传递给操作系统调用相应的工具去执行。先看一个很有意思的命令：#xeyes，如图 4-1 所示。

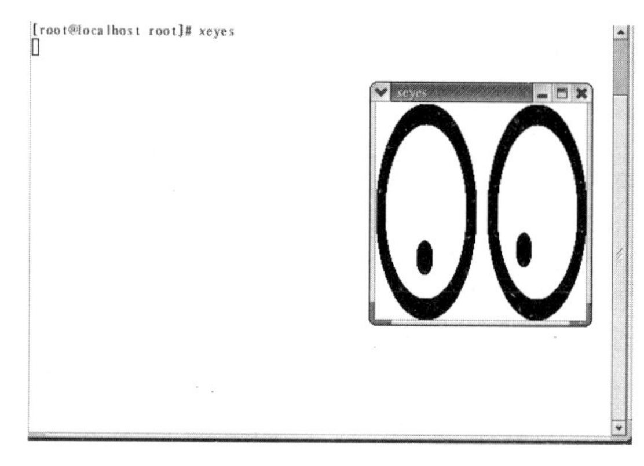

图 4-1　xeyes 命令

类似有趣的命令还有很多。为了在图形用户界面下使用这些命令，Linux 提供了终端程序，选择“应用程序”下的“附件”→“终端”，即可启动终端程序。

4.1.1 目录与文件管理

Linux 采用的是树形目录结构，最上层是根目录，其他所有目录都是从根目录出发而生成的。但与微软的 Windows 树形结构不同的是，在 Linux 中的目录树只有一个，如图 4-2 所示。

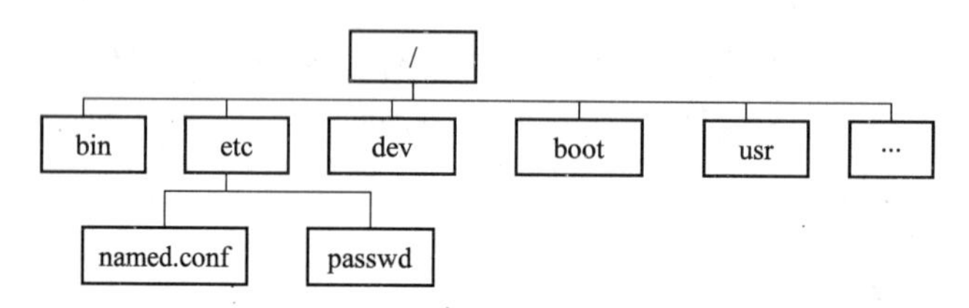

图 4-2　Linux 的树形目录结构

表 4-1 所列为 Linux 系统默认的重点目录说明。

表 4-1　Linux 系统默认目录

目　录	说　明
/bin	bin 是 Binary 的缩写。这个目录存放着用户经常使用的命令，如 ls、cd、rm 等
/boot	操作系统启动所需文件
/dev	dev 是 Device（设备）的缩写。该目录下存放的是 Linux 的外部设备
/etc	这个目录用来存放所有的系统管理所需要的配置文件和子目录
/home	用户的主目录，如用户名为 zhao，主目录就是/home/zhao
/mnt	文件系统挂载点。例如，将 U 盘挂载在/mnt/usb 上，就可以查看 U 盘中的内容了
/root	管理员的主目录
/tmp	存放临时文件
/usr	存放用户使用的应用程序和系统命令等信息
/var	存放日志文件等经常变动的文件
/lost+found	该目录一般情况下是空的，当系统非正常关机后，这里存放恢复文件
/lib	动态链接共享库

以上只是 Linux 系统中部分常用的子目录。

文件在存储设备上的不同组织方法形成了不同的文件系统，如 ext2、ext3、FAT32 等。Linux 系统通过虚拟文件系统（VFS，Virtual File System）支持多种不同的文件系统，包括 ext2、ext3、ext、msdos、vfat、NFS、minix、sysv 等。其中，ext2、ext3 是专门为 Linux 设计的文件系统，msdos 是微软的 DOS 文件系统。

Linux 的基本文件类型如下：

（1）普通文件　如文本文件、C 语言源代码、Shell 脚本、二进制的可执行文件等，可用 cat、less、more、vi、emacs 来查看内容，用 mv 来修改名称。

（2）目录文件　包括文件名、子目录名及其指针，是 Linux 储存文件名的唯一地方，可用 ls 列出目录文件。目录文件往往简称为目录。

（3）设备文件　Linux 系统把每一个 I/O 设备看成一个文件，与普通文件一样处理，使文件与设备的操作尽可能统一。设备文件通常放在/dev 目录内。

（4）管道文件　用于不同进程间的信息传递。

（5）链接文件　这是一种特殊的文件，分为硬链接文件和软链接文件。软链接文件类似于 Windows 操作系统中的快捷方式。

1. Linux 命令的格式

Linux 系统中命令的一般格式为：

command　[–options]　[arguments]

说明：

（1）命令名　区分大小写，一般为小写。

（2）选项　分为短格式和长格式两种。短格式使用单个英文字母表示，如“ls - la”；长格式使用单个英文单词表示，如“—help”。

（3）参数　是命令的处理对象。通常情况下可以是文件名、目录名或用户名等。例如，“ls - la/usr/file1”。

2. 命令的输入

1）命令补全功能。用户可以不输入完整的命令，利用“Tab”键让系统自动补全。还可以利用方向键中的上箭头重新显示刚执行的命令。

2）与 DOS、Windows 类似，在命令中可以支持通配符这样的特殊符号，如“ls - lf*”。

常用的通配符有*、？和括在方括号中的字符序列，见表 4-2。

表 4-2　通配符说明

通　配　符	说　　明
?	代表任意的一个单字符
*	代表任意个字符（0、1 或多个）
[···]	代表指定的一个字符范围

3. 命令帮助

在 Linux 系统中有以下几种帮助形式：

（1）help 命令

功能：显示命令的用法、功能和参数列表。显示信息超过一屏，可通过管道使用 more 或 less 命令进行分屏显示。按“Q”键退出。

例如：#ls --help|less

（2）man 命令

功能：用来提供在线帮助。在 Linux 系统中存储着一部联机使用的手册，以供用户在终端上查找。

例如：#man pwd

【任务 1】用户通过自己的用户名和密码登录系统，使用 pwd、ls、mkdir、cd、rmdir 命令管理目录。

步骤一：pwd—— 查看当前工作的位置。

[zyx@localhost zyx]$pwd

/home/zyx　　#系统返回以绝对路径表示法表示的当前工作位置

步骤二：ls—— 查看目录中的内容。

命令格式：ls [可选项][子目录名] [文件名]

[zyx@localhost zyx]$ls　　#列出当前目录（zyx）下的子目录和文件。用不同颜色表示各种类型的文件，蓝色表示子目录，绿色表示可执行文件，红色表示压缩文件，浅蓝色表示链接文件，灰色表示其他文件

[zyx@localhost zyx]$ls –l　　#以长格式显示目录内容，列出的信息依次是：文件的类型与权限、链接数、文件属主、所属用户组、文件大小、文件建立或最近修改的时间、名字

“ls –l”显示的信息中，开头的 10 个字符构成的字符串，第一个字符表示文件类型，“–”表示普通文件，“d”表示目录，“b”表示块设备，“c”表示字符设备。

[zyx@localhost zyx]$ls -a　　#显示目录内容，包括以“.”开头的隐藏文件

步骤三：mkdir—— 创建目录。

命令格式：mkdir　[可选项] [目录名]

可选项：

-p：如果连续建立两个以上的目录（创建一个多级目录），如原来只有/usr/srcp 目录，可以输入：

[root@localhost srcp]#mkdir　-p　mors/cs

用法举例：

（1）在当前目录下创建多个目录　#mkdir dira dirb dirc

（2）创建一个多级目录。

[zyx@localhost zyx]$mkdir st01　　#在/home/zyx 目录下创建一个 st01 子目录

步骤四：cd—— 从当前位置转换到想到达的目的位置。

命令格式：cd [目录名]

[zyx@localhost zyx]$cd　st01　　#从/home/zyx 进入到下一级子目录 st01

用法举例：

$cd .　　#“.”表示当前目录

$cd ..　　#“..”表示上一级目录，即当前目录的父目录

注意：在 cd 命令中可以使用两种表示目录（文件）的形式：相对路径和绝对路径。相对路径是以当前目录为基准的路径；绝对路径是以根目录“/”为基准的路径。

步骤五：rmdir—— 删除目录。

命令格式：rmdir　[可选项] [目录名]

可选项：

-p：如果删除一个目录后，它的上一层目录也变为空目录了，这个选项会一并删除上一层也变为空的目录。

[zyx@localhost zyx]$rmdir st01　　#删除在/home/zyx 目录下创建的 st01 目录，但必须确保此目录为空(指没有任何文件和目录)

【任务 2】实现文件管理，使用 touch、cat、cp、file、rm、mv 和 find 命令实施。

步骤一：touch—— 新建文件。

[zyx@localhost zyx]$touch file1.txt　　#在当前目录下新建一个文件 file1.txt

步骤二：cat—— 查看文本文件内容。

用法举例：

[zyx@localhost zyx]$cat /etc/passwd　　#查看 etc 目录下的 passwd 文本文件的内容

[zyx@localhost zyx]$cat>fiel1.txt　　#向 file1.txt 中输入内容

注意：“>”表示输出重定向，将键盘上输入的内容输出到文件中，按“Ctrl+D”组合键结束。

[zyx@localhost zyx]$cat file1.txt file2.txt>file3.txt　　#合并 file1.txt 与 file2.txt 的内容到 file3.txt 文件中

步骤三：cp—— 复制文件。

格式：cp[选项]　源文件目标文件或目录

可选项：

-i：在覆盖目标文件之前将给出提示，要求用户确认。回答“y”时目标文件将被覆盖，是交互式复制。

-：p 此时 cp 除复制源文件的内容外，还将把其修改时间和访问权限也复制到新文件中。

-r：若给出的源文件是一个目录文件，此时 cp 将递归复制该目录下所有的子目录和文件。此时目标文件必须为一个目录名。

用法举例：

[zyx@localhost zyx]$cp file1.txt file2.txt #将源文件 file1.txt 复制为 file2.txt

[zyx@localhost zyx]$cp file1.txt file2.txt /usr/zyx1 #将源文件 file1.txt 和 file2.txt 复制到/usr 下子目 录 zyx1 中

[zyx@localhost home]$cp -r zyx/ /usr/zyx2 #将 zyx 目录及其中的所有文件和子目录复制到/usr/zyx2 中

步骤四：file—— 查看文件类型。

[zyx@localhost home]$file /etc/passwd

/etc/passwd: ASCII text #可识别的文件类型有文本文件、二进制可执行文件等

步骤五：rm—— 删除文件。

命令格式：rm[选项] 文件或目录…

可选项：

-f：忽略不存在的文件，从不给出提示。

-r：指示 rm 将参数中列出的全部目录和子目录均递归地删除。

-i：进行交互式删除。

例如：

[zyx@localhost home]$rm zyx/f* #删除 zyx 目录中以 f 开头的所有文件，不可恢复。

注意：rm 命令与-r 选项配合使用可以完整地删除整个目录，不要求该目录事先为空。

步骤六：mv—— 移动文件，给文件更名。

格式：mv[选项]源文件或目录 目标文件或目录

说明：当第二个参数类型是文件时，mv 命令完成文件重命名，此时，源文件只能有一个（也可以是源目录名），它将所给的源文件或目录重命名为给定的目标文件名。当第二个参数是已存在的目录名称时，源文件或目录参数可以有多个，mv 命令将各参数指定的源文件均移至目标目录中。

用法举例：

[zyx@localhost zyx]$ls

fiel1.txt file2.txt

[zyx@localhost zyx]$mv file1.txt file3.txt #在同一目录中进行，相当于对 file1.txt 重命名为 file3.txt

思考：文件移动与文件复制的不同。

文件移动与文件复制的不同是：文件复制在生成源文件副本到目标文件的同时保持源文件不变，文件移动只生成目标文件而不保留源文件。

步骤七：find—— 查找文件。

功能：在文件系统中搜索指定的文件或目录。

命令格式：find [选项] [路径][表达式]

find 命令功能非常强大，可以指定从哪里开始搜索（就是[路径]部分），以及按什么标准来搜索（就是[表达式]部分）。

说明：若命令中没有说明路径，则搜索当前目录；若没有设置选项说明，则默认提供-print 选项；若没有给出表达式，则查找所有符合条件的文件。表 4-3 所列为 find 命令的常用选项及说明。

表 4-3 find 命令的常用选项及说明

选　项	说　明
-amin n	在过去几分钟内被读取过的文件
-atime n	查找 n 天前被访问过的文件
-ctime n	查找 n 天前被修改过的文件
-name filename	查找指定名称的文件
-size ±filesize	查找大于或小于指定文件大小的文件
-user username	查找指定用户名的文件
-group groupname	查找指定组名的文件

例如：

[zyx@localhost /]$find -name file*　　#从根目录开始，递归地搜索各个子目录，查找名字是以 file 打头的文件

【任务 3】使用 more、less、head、tail、wc、grep 查看文本文件、统计文件内容、搜索特定字符串。

步骤一：more—— 按屏显示文本文件。

命令格式：more[-选项]文件

说明：该命令一次显示一屏文本，显示满之后，停下来，并在终端底部打印出--More--。系统还将同时显示出已显示文本占全部文本的百分比，若要继续显示，按“回车”或“空格”键即可。

选项：

-p：显示下一屏之前先清屏。

more：在显示完一屏内容之后，将停下来等待用户输入某个命令。

is：跳过下面的 i 行再显示一个整屏。预设值为 1。例如，3s，即跳过下面的 3 行显示整屏。

例如：

[root@localhost root]#more–p-10/etc/passwd　　#每 10 行显示一次，显示之前先清屏；按“q”或“Q”键退出

步骤二：less—— 与 more 类似。

说明：与 more 的区别在于可以使用“PageUp”键向上翻看。

步骤三：head、tail——局部显示文本文件。

例如：

[root@localhost root]# head /etc/passwd #head 用户显示文件的头部，tail 用户显示文件的尾部。使用选项 -n 可以设置前 n 行或后 n 行

步骤四：wc——文件内容统计。

命令格式：wc[选项]文件

选项：-c 统计字节数；-i 统计行数；-w 统计字数。字是由空格字符区分开的最大字符串。

例如：

[root@localhost root]# wc –lcw file1.txt #统计指定文件的行数、字节数、字数，将统计结果输出。输出格式为：行数 字数 字节数 文件名

步骤五：grep——查找文本文件中与指定模式匹配的行。

格式：grep [选项] 模式 [文件列表]

与 find 命令不同，grep 是在文本文件的内容中按照指定的模式进行搜索整个文档，将找到的行打印出来。

用法举例（见图 4-3）：

```
[zyx@localhost zyx]$ cat>author
Zhao    Beijing     1234    Computer SoftWare
Qian    Shanghai    5678    Information
Sun     Nanjing     9101    Computer HardWare

[zyx@localhost zyx]$ grep Computer author
Zhao    Beijing     1234    Computer SoftWare
Sun     Nanjing     9101    Computer HardWare
[zyx@localhost zyx]$
```

图 4-3 grep 命令示例

grep 命令常常与其他命令通过管道连接起来使用。

例如：

[root@localhost root]#cat author |grep Computer |wc –l #统计 author 文件中包含 Computer 字符串的行数

4.1.2 用户与用户组管理

1. Linux 的用户分类

Linux 是一个多用户操作系统，用户必须具备合法的账号才能登录，使用完毕必须退出操作系统。另一方面，用户账号可以帮助系统管理员对系统的用户进行跟

踪，并控制其对系统资源的访问；也可以帮助用户组织文件，并提供安全性保护。每个用户账号都拥有一个唯一的用户名和口令。用户在登录时，输入正确的用户名和口令后，即可进入系统和自己的主目录。Linux 允许将用户分组进行管理，以简化访问和控制多用户，避免为众多用户分别设置权限。

根据权限的不同，可以将用户划分为如下两种类型：

（1）root 用户　在 Linux 系统中，超级用户称为 root 用户。root 用户可以控制所有的程序，访问所有文件，使用系统上的所有功能。如果只是日常地使用，不应该以 root 用户登录。

（2）普通用户　root 用户以外的所有用户都可以称为普通用户。Linux 系统可以创建许多普通用户，并为其指定相应的权限。普通用户也可以被赋予 root 特权，但一定要谨慎。

2. Linux 的用户组管理

在 Linux 系统中可以创建一个组，然后将成员添加到这个组的列表中。可以以组为单位来分配资源。隶属于同一个组的成员可以访问同一资源。

【任务 5】 使用 adduser、passwd、userdel、usermod、su、who 命令进行用户管理。

步骤一： adduser（useradd）—— 添加用户。

格式：adduser [选项] 用户账号

功能：建立用户账号，再使用 passwd 命令设定账号的密码。该功能只能由超级用户执行。

例如：

```
[root@localhost root]#useradd student01        #创建用户账号 student01，只能由超级用户来完成。同时建立与用户名相同的组
[root@localhost root]#useradd student02 –g zyx        #创建 student02 用户，属于 zyx 组
```

步骤二： passwd—— 设置或更改用户口令。

例如：

```
[root@localhost root]#passwd student01        #为用户设置密码。为安全起见，密码的设置不要过于简单
```

步骤三： userdel—— 删除用户。

格式：userdel [-r] 用户名

例如：

```
[root@localhost root]#userdel –r student02        #删除用户及用户宿主目录
```

步骤四： usermod—— 修改用户属性。

功能：常用于禁用和启用用户账号。

例如：

```
[root@localhost root]#usermod –L student01        #禁用 student01 的用户账号
```

[root@localhost root]#usermod –U student01　　#启用 student01 的用户账号
[root@localhost root]#usermod –e 2011-6-30 student01　　#设置账号的有效期

步骤五：su——改变用户身份。

例如：

[root@localhost root]#su zyx　　#使用 su 命令从超级用户变为普通用户。也可以反过来。恢复使用 exit 命令

步骤六：who——查看登录到系统的当前用户是谁。

[root@localhost root]#who

思考：用户账号保存于哪一个文件中？

Linux 系统的所有用户账号都保存在/etc/passwd 文件中，该文件为文本文件。

[root@localhost root]#head -3 /etc/passwd

```
root:x:0:0:root:/root:/bin/bash
bin:x:1:1:bin:/bin:/sbin/nologin
daemon:x:2:2:daemon:sbin:/sbin/nologin
```

passwd 文件的每一行定义一个用户的属性。每个用户的属性包括 7 个部分，以“:”分隔，分别代表账号名、密码、用户 ID、组 ID、全名、宿主目录和命令解释器。

【任务 6】使用 group、groupadd、groupdel、usermod 命令管理用户组。

步骤一：groupadd——添加用户组。

例如：

[root@localhost root]#groupadd class1　　#由超级用户添加组 class1

步骤二：groupdel——删除用户组。

例如：

[root@localhost root]#groupdel class1　　#删除组之前，组中不能有用户

步骤三：usermod——更改组账号。

例如：

[root@localhost root]#usermod –g zyx student01　　#更改 student01 的组账号为 zyx 的组账号

思考题：用户组账号信息保存在哪一个文件中？

Linux 系统的用户组文件位于/etc 目录下，文件为 group。每个用户组对应文件中的一行，分别为：用户组名、加密的组口令（真正的密码存放在 /etc/gshadow 映像文件中）、组 ID 和组成员。

4.1.3 权限管理

Linux 系统中的每个文件和目录都有访问许可权限，以此来确定谁可以通过何种方式对文件和目录进行访问和操作。

文件或目录的访问权限分为只读、只写和可执行三种。以文件为例，只读权限表示只允许读其内容，而禁止对其做任何的更改操作。可执行权限表示允许将该文件作为一个程序执行。文件被创建时，文件所有者自动拥有对该文件的读、写和可执行权限，以便于对文件的阅读和修改。用户也可根据需要把访问权限设置为需要的任何组合。

有三种不同类型的用户可对文件或目录进行访问：文件所有者、同组用户和其他用户。所有者一般是文件的创建者。所有者可以允许同组用户有权访问文件，还可以将文件的访问权限赋予系统中的其他用户。在这种情况下，系统中每一位用户都能访问该用户拥有的文件或目录。

每一文件或目录的访问权限都有三组，每组用三位表示，分别为文件属主的读、写和执行权限；与属主同组的用户的读、写和执行权限；系统中其他用户的读、写和执行权限。当使用 ls -l 命令显示文件或目录的详细信息时，最左边的一列为文件的访问权限。例如：

[root@localhost root]# ls -l /home/zyx/file1

-rw-rw-r-- 1 zyx zyx 22 Jul 15 17:31 /home/zyx/file1

横线代表空许可。r 代表只读，w 代表写，x 代表可执行。注意这里共有 10 个位置。第一个字符指定了文件类型。在通常意义上，一个目录也是一个文件。如果第一个字符是横线，表示是一个非目录的文件。如果是 d，表示是一个目录。例如，-rw-rw-r--是文件 file1 的访问权限，表示 file1 是一个普通文件；file1 的属主有读写权限；与 file1 属主同组的用户只有读权限；其他用户也只有读权限。

确定了一个文件的访问权限后，用户可以利用 Linux 系统提供的 chmod 命令来重新设定不同的访问权限；利用 chown 命令来更改某个文件或目录的所有者；利用 chgrp 命令来更改某个文件或目录的用户组。

下面分别对这些命令加以介绍。

1. chmod 命令

chmod 命令是非常重要的，用于改变文件或目录的访问权限。用户用它控制文件或目录的访问权限。

该命令有两种用法：一种是包含字母和操作符表达式的文字设定法；另一种是包含数字的数字设定法。

（1）文字设定法

chmod [who] [+ | - | =] [mode] [文件名| 目录名]

命令中各选项的含义为：

操作对象 who 可以是下述字母中的任一个或者它们的组合：

u，表示“用户（user）”，即文件或目录的所有者。

g，表示“同组（group）用户”，即与文件属主有相同组 ID 的所有用户。

o，表示“其他（others）用户”。

a，表示“所有（all）用户”。它是系统默认值。

操作符号可以是：

+，添加某个权限。

-，取消某个权限。

=，赋予给定权限并取消其他所有权限（如果有的话）。

设置 mode 所表示的权限可用下述字母的任意组合：

r 为可读，w 为可写，x 为可执行，只有目标文件对某些用户是可执行的或该目标文件是目录时才追加 x 属性。在一个命令行中可给出多个权限方式，其间用逗号隔开。例如，“chmod g+r，o+r example”使同组和其他用户对文件 example 有读权限。

（2）数字设定法　首先需要了解用数字表示的属性的含义：0 表示没有权限，1 表示可执行权限，2 表示可写权限，4 表示可读权限，然后将其相加。所以，数字属性的格式应为 3 个 0～7 的八进制数，其顺序是（u）（g）（o）。

例如，如果想让某个文件的属主有“读/写”两种权限，需要设定 4（可读）+2（可写）＝6（读/写）。

数字设定法的一般形式为：

chmod [mode]文件名

2．chown——更改文件或目录的所有者

例如：

[root@localhost root]#chown root:root /home/file1.txt　　#更改文件 file1.txt 的属主和属组。此功能由超级用户使用

【任务 7】根据以下背景进行用户和组的设计，并自行设计合理的权限。

设计文件权限方案：

需求：在教师计算机上有一个存放教师 Zheng 个人资料的文件名字，叫做 Zhengfile。Zheng 需要对该文件有读写和运行的全部权利。Zheng 有 2 名学生 Tom 和 Jean，他们需要对该文件有读和写的权限。除了 Zheng 和 Zheng 的学生以外的用户，Zheng 希望他们不能访问该文件。

如果你是管理员，请写出应该如何创建用户和组并配置权限来实现这一方案，并且使用指令实现此方案。

步骤一：添加用户组 group1。命令：#groupadd group1。

步骤二：分别创建用户 Zheng、Tom 和 Jean。命令：#useradd Zheng –g group1。

步骤三：新建文件 Zhengfile。命令：#cat>Zhengfile。

步骤四：设置文件的属组和属主。命令：#chown group1.Zheng Zhengfile。

步骤五：更改文件的权限。命令：#chmod 764 Zhengfile。

4.1.4　重定向与管道

通常情况下，Linux 命令使用键盘作为内容的输入设备，使用屏幕作为内容的输出设备。而当需要保存命令的输出结果，或者需要多个命令组合在一起完成更复杂的任务时，就要用到重定向与管道的概念。

1. 标准输入输出

在 Linux 系统中，数字 0 代表标准输入（stdin），1 代表标准输出（stdout），2 代表标准错误（stderr）。标准输入通常指键盘的输入，标准输出通常指显示器的输出。标准错误通常也是定向到显示器。

2. 重定向

重定向就是将标准输入、标准输出和标准错误不使用默认的资源，而使用指定的文件。

【任务 8】列出/etc 目录下的所有文件，将结果重定向到/home/zyx 下的文件 filename 中。

步骤一：输入 ls -l /etc。

步骤二：输入 ls -l /etc 1>/home/zyx/filename。“>”是将一个命令的输入重定向到文件 filename 中，执行结果就不显示在屏幕上了。

步骤三：若换“>”为“>>”，表示输出追加到文件末尾。

【任务 9】错误输出重定向的使用。

步骤一：观察根目录下没有 Linux 子目录。输入[zyx@localhost zyx]$ls /linux。

步骤二：把命令的错误输出重定向到文件 errfile 中，而不是显示在屏幕上。输入[zyx@localhost zyx]$ls /linux 2> errfile。

【任务 10】输入重定向的使用。

输入重定向即不是从传统的输入设备键盘接受输入，而是由指定的文件进行输入。

[zyx@localhost zyx]$grep 'am'<filename # grep 是在 filename 文件中搜索“am”字符串

【任务 11】管道的使用。

管道（“|”）可以将一系列的命令连接起来。第一个命令的输出通过管道传给第二个命令作为输入，而第二个命令的输出又作为第三个命令的输入。

例如：

[zyx@localhost zyx]$cat author | grep Computer |wc –l #统计 author 文件中包含 Computer 字符串的行数

4.1.5 进程管理

在 Linux 系统中，每个在计算机处理器（CPU）中执行的程序都称为一个进程。有三种不同类型的进程：交互进程、批处理进程和监控进程。

与 Windows 类似，可以通过从主菜单选择“系统”→“管理”→“系统监视器”，进行进程查看与管理，如图 4-4 所示。

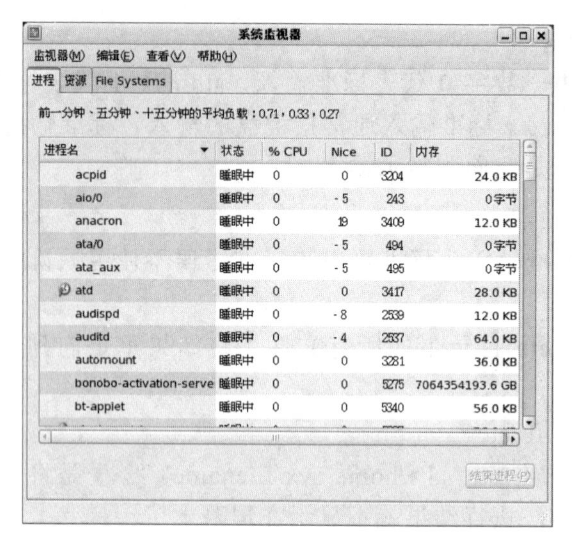

图 4-4　查看进程

1．ps 命令——显示瞬间进程（process）的动态，使用权限是所有使用者

ps [options] [--help]

主要参数：

ps 的参数非常多，此出仅列出几个常用的参数。

-A：列出所有的进程。

-l：显示长列表。

-m：显示内存信息。

-w：显示加宽可以显示较多的信息。

-e：显示所有进程。

-a：显示终端上的所有进程，包括其他用户的进程。

-au：显示较详细的信息。

-aux：显示所有包含其他使用者的进程。

用法举例（见图 4-5）：

```
[root@localhost root]# ps -aux|head
USER       PID %CPU %MEM   VSZ  RSS TTY      STAT START   TIME COMMAND
root         1  0.6  0.1  1372  472 ?        S    13:57   0:06 init
root         2  0.0  0.0     0    0 ?        SW   13:57   0:00 [keventd]
root         3  0.0  0.0     0    0 ?        SW   13:57   0:00 [kapmd]
root         4  0.0  0.0     0    0 ?        SWN  13:57   0:00 [ksoftirqd_CPU0]
root         9  0.0  0.0     0    0 ?        SW   13:57   0:00 [bdflush]
root         5  0.0  0.0     0    0 ?        SW   13:57   0:00 [kswapd]
root         6  0.0  0.0     0    0 ?        SW   13:57   0:00 [kscand/DMA]
root         7  0.0  0.0     0    0 ?        SW   13:57   0:00 [kscand/Normal]
root         8  0.0  0.0     0    0 ?        SW   13:57   0:00 [kscand/HighMem]
```

图 4-5　ps 命令示例

第二行代码中，USER 表示进程拥有者；PID 表示进程标示符；%CPU 表示占用的 CPU 使用率；%MEM 表示占用的物理内存使用率；VSZ 表示占用的虚拟内存大小；RSS 表示进程占用的物理内存值；TTY 为终端的次要装置号码；STAT 表示进程的状态，其中 D 为不可中断的静止（I/O 动作），R 为正在执行中，S 为静止状态，T 为暂停执行，Z 为不存在，但暂时无法消除，W 为没有足够的内存分页可分配；<高优先序的进程；N 低优先序的进程，L 为有内存分页分配并锁在内存体内（实时系统或 I/O）；START 表示进程开始时间；TIME 表示执行的时间；COMMAND 表示所执行的指令。

2. top——动态显示进程状态

top 命令在终端全屏显示系统运行的信息，实时跟踪系统资源的使用情况，如图 4-6 所示。

```
root@localhost:
文件(F)  编辑(E)  查看(V)  终端(T)  转到(G)  帮助(H)
 14:25:12  up 28 min,  2 users,  load average: 0.00, 0.02, 0.07
61 processes: 58 sleeping, 2 running, 1 zombie, 0 stopped
CPU states:   2.5% user   0.3% system   0.0% nice   0.0% iowait  97.0% idle
Mem:   255264k av,  174712k used,   80552k free,       0k shrd,   30420k buff
                    153488k actv,     376k in_d,    1964k in_c
Swap: 2096472k av,       0k used, 2096472k free                   63232k cached

  PID USER     PRI  NI  SIZE  RSS SHARE STAT %CPU %MEM   TIME CPU COMMAND
  977 root      15   0  144M  16M  1980 S     2.5  6.4   0:40   0 X
 1058 root      15   0  6812 6808  5468 S     0.1  2.6   0:01   0 gnome-setting
 1100 root      15   0 10748  10M  7636 R     0.1  4.2   0:01   0 gnome-termina
    1 root      15   0   472  472   420 S     0.0  0.1   0:06   0 init
    2 root      15   0     0    0     0 SW    0.0  0.0   0:00   0 keventd
    3 root      15   0     0    0     0 SW    0.0  0.0   0:00   0 kapmd
    4 root      34  19     0    0     0 SWN   0.0  0.0   0:00   0 ksoftirqd_CPU
    9 root      25   0     0    0     0 SW    0.0  0.0   0:00   0 bdflush
    5 root      15   0     0    0     0 SW    0.0  0.0   0:00   0 kswapd
    6 root      15   0     0    0     0 SW    0.0  0.0   0:00   0 kscand/DMA
    7 root      15   0     0    0     0 SW    0.0  0.0   0:00   0 kscand/Normal
    8 root      15   0     0    0     0 SW    0.0  0.0   0:00   0 kscand/HighMe
   10 root      15   0     0    0     0 SW    0.0  0.0   0:00   0 kupdated
   11 root      25   0     0    0     0 SW    0.0  0.0   0:00   0 mdrecoveryd
   19 root      15   0     0    0     0 SW    0.0  0.0   0:00   0 kjournald
   77 root      25   0     0    0     0 SW    0.0  0.0   0:00   0 khubd
```

图 4-6　查看系统状态

3. kill——中断进程

格式：kill 进程号

当某一个进程占用了大量的系统资源时，可以考虑使用 kill 命令终止该进程。

 4.2 Shell 脚本

Shell 脚本就是 Shell 命令序列，类似于 DOS 命令中的批处理文件。由于单个 Shell 命令所完成的功能有限，所以只有将多个命令编辑在一个文件中才能够实现比较复杂的任务。例如，使用 Shell 脚本来编写一个 login（登录系统），要求该系统有用户名、口令的验证，且错误验证的次数不能超过 3 次。创建的 Shell 脚本如下：

```
#!/bin/bash
USER="admini"
PASSWORD="1234abcd"
for((i=1; i<=3; i++))
do
echo "Enter username: "
read U1
if test $U1 = $USER
```

```
then
echo "Enter password: "
    read P1
    if test $P1 = $PASSWORD
    then
          echo "登录成功!"
          break
    else
          echo "密码错误，请重试!"
    fi
else
echo "用户名错误，请重试! "
fi
done
if ((i>3))
then
echo "输入超过三次，请退出!"
fi
```

学习完本节的内容，上面这段命令的含义就知道了。

4.2.1 Shell 脚本基本结构

首先创建一个文本文件：

touch lx1

然后编辑文件内容，写入代码：

```
#!/bin/bash
echo "hello world! "
```

保存文件退出后，通过“chmod u+x lx1”的使用让文件可执行。

执行该文件：

./lx1

程序必须从下面的行开始（必须放在文件的第一行）：

#!/bin/bash

符号#!用来告诉系统，它后面的参数是执行该文件的程序。在这个例子中使用了/bin/bash 来执行程序。

4.2.2 编写 Shell 脚本的过程

编写 Shell 脚本一般经过如下几个步骤：

1）分析任务，将任务分解成若干个执行的步骤。

2）将每一步转换成相应的一条或几条命令。

3）通过 VI 编辑器将命令编辑成文件，保存。

4）运行脚本，观察执行结果。

5）若出现问题，返回第三步修改。

6）直到取得正确的结果。

4.2.3 Shell 结构化编程

1．变量

在其他编程语言中必须使用变量。在 Shell 编程中，所有的变量都由字符串组成，并且不需要对变量进行声明。要赋值给一个变量可以使用这样的语句：

a="hello world"

现在打印变量 a 的内容：

echo "A is:"

echo $a

有时变量名很容易与其他文字混淆，例如：

num=2

echo "this is the $numnd"

这并不会打印出"this is the 2nd"，而仅仅打印"this is the"，因为 Shell 会去搜索变量 numnd 的值，但是这个变量是没有值的。可以使用花括号来告诉 Shell 要打印的是 num 变量：

num=2

echo "this is the ${num}nd"

这将打印：this is the 2nd

2．表达式

Shell 中的表达式分为算术运算表达式、关系与逻辑表达式、正则表达式等几种。

（1）expr 命令　expr 命令的功能是求表达式的值。命令格式为：

expr expression

对 expression 参数应注意以下几点：

1）用空格隔开每个项。即命令、操作数、操作符均用空格隔开。

2）将“\”放在 Shell 的顶格字符前面。

3）对包含空格和其他特殊字符的字符串要用引号括起来。

（2）算术表达式　算术表达式即由运算符+、–、*、/和=组成的表达式。其语法格式为：

$((expression))

例如：

#echo $((6+9))

15

```
#X=$((6+9))
#echo $X
15
#echo $((Y=X*5))
75
```

（3）关系与逻辑表达式　命令 test 与[]都用于进行条件测试，测试的结果返回逻辑值，即真 true（0）和假 false（1）。语法格式为：

test expression

或

[expression]

例如：

```
#OS="Red Hat Enterprise Linux"
#test "$OS" = "Red Hat Linux"
#echo $?
1
$test –n "$OS"
0
```

注意：关系表达式“=”两边留出空格。

3．分支结构语句

分支结构语句格式：

```
if [条件表达式]
then
命令序列
else
命令序列
fi
```

大多数情况下，可以使用测试命令来对条件进行测试。例如，可以比较字符串、判断文件是否存在及是否可读等。通常用“[ ]”来表示条件测试。注意这里的空格很重要。要确保方括号的空格。

[-f "somefile"]：判断是否是一个文件。

[-x "/bin/ls"]：判断/bin/ls 是否存在并有可执行权限。

[-n "$var"]：判断$var 变量是否有值。

["$a" = "$b"]：判断$a 和$b 是否相等。

执行 man test 可以查看所有测试表达式可以比较和判断的类型。

直接执行以下脚本：

```
#!/bin/bash
if [ "$SHELL" = "/bin/bash" ]; then
echo "your login shell is the bash (bourne again shell)"
else
echo "your login shell is not bash but $SHELL"
```

fi
变量$SHELL 包含了登录 Shell 的名称。

4. selsect

select 表达式是一种 bash 的扩展应用，尤其擅长于交互式使用。用户可以从一组不同的值中进行选择。

```
select var in ... ; do
break
done
```

下面是一个例子：

```
#!/bin/bash
echo "What is your favourite OS?"
select var in "Linux" "Gnu Hurd" "Free BSD" "Other"; do
break
done
echo "You have selected $var"
```

下面是该脚本运行的结果：

```
What is your favourite OS?
1） Linux
2） Gnu Hurd
3） Free BSD
4） Other
#? 1
You have selected Linux
```

5. for 循环

for 循环对一个变量所有可能的值都执行一个命令序列。

一般格式：

```
for    循环变量[in 列表]
do
语句块
done
```

for 语句对[in 列表]中的每一项都执行一次。列表可以是包含几个单词并且由空格分隔开的变量，也可以是直接输入的几个值。每执行一次循环，循环变量都被赋予列表中的当前值，直到最后一个为止。

操作实例：编写一个 Shell 脚本 test1.sh，显示当前目录下的所有.sh 文件的名称和内容。

```
#!/bin/bash
for file in *.sh
do
cho "Filename:$file"
```

```
cat $file
echo "--------------------------"
done
```

执行 test1.sh:#source test1.sh

6. while 循环

while 循环语句格式：

```
while  测试表达式
do
语句块
done
```

操作实例：编写一个 Shell 脚本 test2.sh，脚本在执行时，接收用户输入的文件名，然后显示该文件的内容。

```
#!/bin/bash
reply=y
while test  "$reply" != "n"
do
echo "Enter a filename: "
read fname
cat ${fname}
echo "----------------------------------"
echo –n "wish to see more files: "
read reply
done
```

执行 test2.sh 脚本，输入想要显示的文件名，即可显示该文件的内容。

4.3 文件压缩与归档

文件压缩与解压缩在 Windows 系统中也是很常用的操作，好处是：①减少磁盘存储空间；②网络传输中减少传输时间。

1. zip 命令

功能：打包和压缩文件。

命令格式：

zip [options] files

主要参数：

-d 删除。

-g 增加而不要重新产生。

-u 更新。

-r 压缩子目录。

2. unzip 命令

功能：对压缩包进行解压缩。

命令格式：

unzip [options] file.zip

主要参数：

-x 压缩文件，但不包括该参数指定的文件。

-v 查看压缩文件目录，但不解压。

-t 测试文件有无损坏，但不解压。

-d 把压缩文件解压到指定目录下。

-z 只显示压缩文件的注解。

-n 不覆盖已经存在的文件。

-o 覆盖已存在的文件，且不要求用户确认。

-j 不重建文档的目录结构，把所有文件解压到同一目录下。

【任务 12】把所有以 f 打头的文件打包成 newfile.zip 文件。

语法格式为：

[zyx@localhost zyx]$zip newfile.zip f*

zip 命令所使用的格式与 Windows 系统中的 zip 文件完全一样，产生"压缩文件包"。产生的.zip 文件可以在 Windows 与 Linux 系统中传递使用。

用法举例：

[zyx@localhost zyx]$ zip –g newfile.zip fileadd #增加 fileadd 到 newfile.zip 包中，而不用重新生成

[zyx@localhost zyx]$ zip –u newfile.zip f* #更新压缩

[zyx@localhost home]$ zip -r new.zip zyx #把 zyx 目录压缩成 new.zip

【任务 13】unzip——对压缩包进行解压缩。

[zyx@localhost home]$ unzip ./zyx/new.zip #将 new.zip 在当前目录下解包

[zyx@localhost home]$ unzip –n new.zip –d /tmp #将 new.zip 在指定目录/tmp 下解压缩，不覆盖已经存在的文件

[zyx@localhost home]$ unzip –v newfile.zip #查看压缩文件目录但不解压

【任务 14】gzip 和 gunzip——文件压缩与解压缩。

以 gzip 和 gunzip 命令处理.gz 文件，无法将许多文件压缩成一个文件。

用法举例（见图 4-7）：

```
[zyx@localhost zyx]$ gzip f*
[zyx@localhost zyx]$ ls -l
总用量 6
-rw-rw-r--   1 zyx   zyx    129  5月 19 21:30 author
-rw-rw-r--   1 zyx   zyx     46  5月 15 20:08 file1.gz
-rw-rw-r--   1 zyx   zyx     46  5月 15 20:10 file2.gz
-rw-r--r--   1 zyx   zyx     46  5月 16 14:27 file3.gz
-rwxrw-r--   1 zyx   zyx     46  5月 19 23:11 lx1
drwxrwxr-x   2 zyx   zyx   1024  5月 15 18:02 st01
[zyx@localhost zyx]$
```

图 4-7 gzip 命令示例

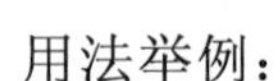

用法举例：

[zyx@localhost home]$gzip -l *　　　#查看压缩包的内容

[zyx@localhost home]$gunzip -v file1.gz　　　#将 file1.gz 解压缩并显示压缩比

3. 文件或目录打包

功能：将文件或目录打包成“.tar”打包文件或将打包文件解开。作用原理是先“打包”，生成“.tar”文件，再压缩，生成“.tar.gz”文件，简短形式为“.tgz”。

格式：

tar [选项] [打包文件名] [文件]

主要参数：

-c　创建 tar 包。

-f　指定 tar 包的文件名。

-v　显示处理文件信息的速度。

-z　用 gzip 来压缩/解压缩文件。

-r　把增加的文件追加到备份文件中。

-u　更新文件。

-x　从备份文件中释放文件。

【任务 15】将文件或目录打包。

用法举例（见图 4-8）：

[zyx@localhost home]$tar –zcvf file.tgz file*　　　#将所有 file 打头的文件压缩成 file.tgz 文件

```
[zyx@localhost zyx]$ ls
author  file1  file2  file3  lx1  st01
[zyx@localhost zyx]$ tar -zcvf file.tgz file*
file1
file2
file3
[zyx@localhost zyx]$ ls -l
总用量 7
-rw-rw-r--   1 zyx     zyx          129  5月 19 21:30 author
-rw-rw-r--   1 zyx     zyx           22  5月 15 20:08 file1
-rw-rw-r--   1 zyx     zyx           22  5月 15 20:10 file2
-rw-r--r--   1 zyx     zyx           22  5月 16 14:27 file3
-rw-rw-r--   1 zyx     zyx          177  5月 20 22:38 file.tgz
-rwxrw-r--   1 zyx     zyx           46  5月 19 23:11 lx1
drwxrwxr-x   2 zyx     zyx         1024  5月 15 18:02 st01
[zyx@localhost zyx]$
```

图 4-8　压缩文件示例

[zyx@localhost home]$tar –zxvf file.tgz　　　#将 file.tgz 备份的内容释放到当前目录

4.4 RPM 软件包管理

在 Red Hat Linux 系统中，标准的软件包是通过 RPM 来进行管理的。RPM 的全名是 Red Hat Package Manager，从名字就知道，它是由 Red Hat 公司开发的软件包管理系统。使用 RPM 软件包管理系统有下面这些优点：

1）安装、升级与删除软件包都很容易。

2）查询非常简单。

3）能够进行软件包的验证。

4）支持源代码形式的软件包。

传统的 Linux 软件包大多是 tar.gz 文件格式，软件包下载后必须经过解压缩和编译操作后才能进行安装，对于一般用户或初级管理员就不太方便了。

RPM 软件包通常是以 xxx.rpm 的格式命名的。一般来说，一个标准的 RPM 软件包的名字能够提示一些信息，如 rhviewer-3.10a-13.i386.rpm，从这个名字可以知道，软件的名称是 rhviewer，版本是 3.10a，次版本是 13，运行的平台是 i386。

RPM 通常有 5 种方式来管理 RPM 软件包：安装、删除、升级、查询和验证。

【任务 16】安装 rpm 包。

语法格式：

```
[root@localhost root]#rpm -ivh rhviewer-3.10a-13.i386.rpm
```

其中使用到参数 ivh，说明如下：

i　使用 RPM 的安装模式。

v　在安装的过程中显示安装的信息。

h　在安装的过程中输出#号。

另外，RPM 还能够通过 FTP 来进行远程安装，其形式和本地安装差不多，只要在文件名的前面加上适当的路径就可以了：

```
#rpm -ivh ftp://xxxx/rhviewer-3.10a-13.i386.rpm
```

在安装过程中，可能会经常遇到以下几种情况：

（1）重复安装软件包　如果要安装的软件之前已经安装过，就会在安装过程中出现以下错误信息：

```
#rpm -ivh rhviewer-3.10a-13.i386.rpm
package rhviewer-3.10a-13 is already installed
```

如果确定重新安装一次，可以加上--replacepkgs 参数：

```
#rpm -ivh --replacepkgs rhviewer-3.10a-13.i386.rpm
```

（2）软件包中用到的某个文件已经被其他软件包安装　这种情况可能最常出现，多个软件包都包含某个或某些文件，当安装了第一个软件包，再安装其他软件包的时候，就会出现以下错误：

```
#rpm -ivh rhviewer-3.10a-13.i386.rpm
rhviewer /usr/bin/rhviewer conflicts with file from msviewer-1.10b-01
error: rhviewer-3.10a-13.i386.RPM cannot be installed
```

此时，可以用--replacefiles 参数：

```
#rpm -ivh --replacefiles rhviewer-3.10a-13.i386.rpm
```

（3）软件包之间的相关性　有的时候，一个软件包的作用要基于另外一个软件包，如果安装该软件包时没有安装需要的另外一个软件包，就会出现以下错误信息：

```
#rpm -ivh rhviewer-3.10a-13.i386.rpm
```

failed dependencies: rhviewer is needed by rhpainter-2.24-20

此时，建议先安装这个所需要的软件包。不过，如果愿意尝试一下不安装这个需要的软件包是否也能够正常使用真正要安装的软件的话，可以加上--nodeps 参数：

#rpm -ivh --nodeps rhviewer-3.10a-13.i386.rpm

【任务 17】 删除 RPM 包。

语法格式：

[root@localhost root]#rpm -e rhviewer

注意：这里用的不是安装时软件包的名字 rhviewer-3.10a-13.i386.rpm，而只要用 rhviewer 或者 rhviewer-3.10a-13 就可以了。建议的方式是先用 RPM 查询出要删除的软件，然后使用该命令删除。

这里最常出现的错误提示就是，当要删除的软件包被其他软件包关联时，就会出现错误提示：

#rpm -e rhviewer

removing these packages would break dependencies: rhviewer is neededby rhpainter-2.24-20

【任务 18】 升级 RPM 包。

更新软件包的版本到最新版本，也是经常用到的管理功能。

语法格式：

[root@localhost root]#rpm -Uvh rhviewer-3.10a-13.i386.rpm

升级软件的模式其实是先删除旧软件包，然后再安装新软件包。而且，还可以选择采用这种升级的模式来安装软件包，因为在没有旧软件包的情况下，升级方式仍然可正常运行。

如果系统中有旧版本存在，就可以看到以下信息：

#rpm -Uvh rhviewer-3.10a-13.i386.rpm

saving /etc/rhviewer.conf as /etc/rhviewer.conf.rpmsave

如果要降低当前版本到更老的版本，一个办法就是删除该版本，然后再重新安装旧的版本，也可以用--oldpackage 参数来进行“升级”：

#rpm -Uvh --oldpackage rhviewer-3.10a-13.i386.rpm

补充说明：还有一种升级的安装方式是更新。

语法格式：

#rpm -Fvh rhviewer-3.10a-13.i386.rpm

更新和普通升级方式的区别是，当系统中没有旧版本时，普通的升级安装仍然会安装该软件，而更新的模式就不会安装。

【任务 19】 查询 RPM 包。

语法格式：

[root@localhost root]#rpm -q rhviewer

rhviewer-3.10a-13

如果忘记了要查询软件的名字，可以使用#rpm -qa 来显示出所有已经安装的软件。

更详细的软件信息，可以使用#rpm -qi 来查询。

4.5 网络环境配置

Linux 是网络操作系统，对网络有很好的支持，并提供了很多与网络相关的管理工具和应用程序。在 Linux 主机之间使用 TCP/IP 通信，每台计算机分配一个 IP 地址，作为在网络中的唯一标志，如 192.168.40.1。IP 地址分为网络号和主机号两部分。网络号标志了计算机所在的网络类型，而主机号标志了各个设备到网络的连接，由子网掩码如 255.255.255.0 来帮助区分。对应子网掩码中 255 位置的数值 192.168.40 为网络号，对应子网掩码中 0 位置的数值 1 为主机号。只有同一网络号内的主机可以直接通信，不同网络号主机的通信要通过路由器。

1. 网络配置工具

选择“系统”→“管理”→“网络”，打开“网络配置”界面，如图 4-9 所示。eth0 是一个网卡，双击对其进行设置，如图 4-10 所示。

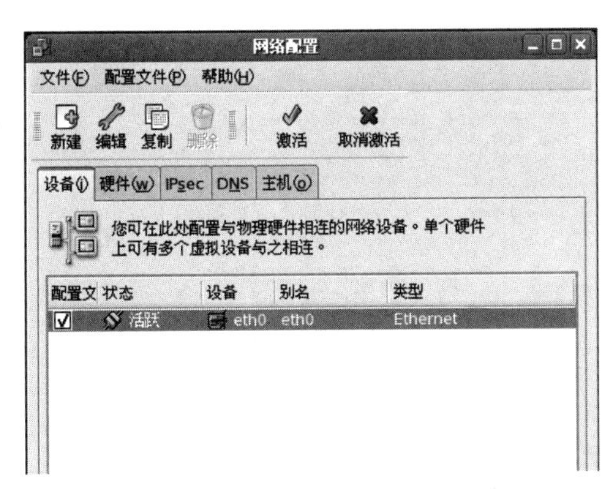

图 4-9 “网络配置”界面

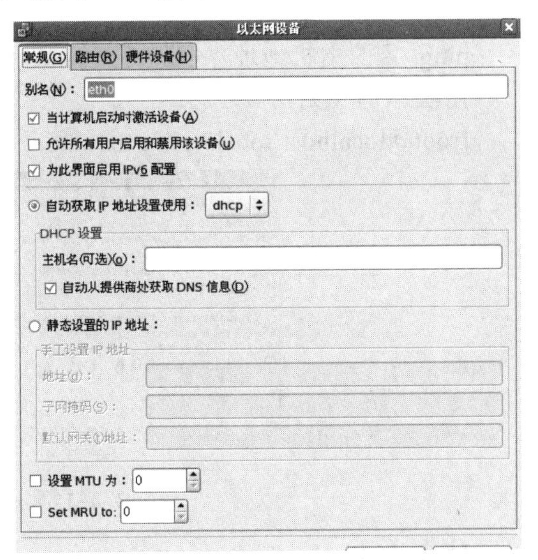

图 4-10 以太网卡设置

配置完成后单击“确定”按钮，重新启动网络设备使设置生效。

2. 网络信息查看

网络信息查看是进行后面网络管理的第一步。

【任务 20】ifconfig——查看和配置网络接口信息。

语法格式：

ifconfig [网络接口名]

用法举例（见图 4-11）：

[root@localhost root]# ifconfig eth0 192.168.40.3　netmask 255.255.255.0

#设置 eth0 的 IP 地址为 192.168.40.3，子网掩码为 255.255.255.0

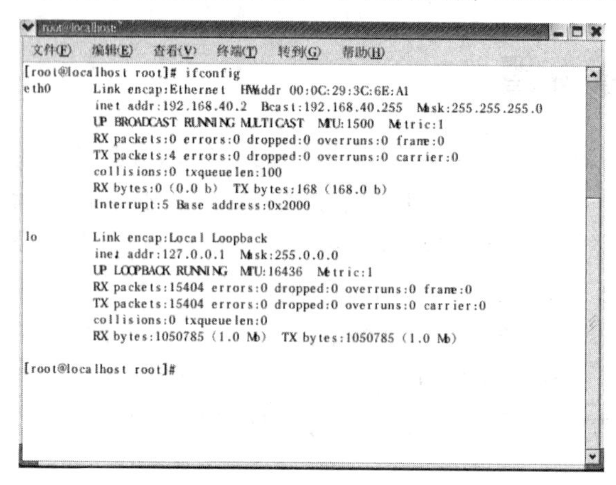

图 4-11 ifconfig 命令示例

【任务 21】ping——测试与主机的网络连接是否通畅。

语法格式：

ping 目的主机地址

用法举例（见图 4-12）：

[root@localhost root]# ping localhost

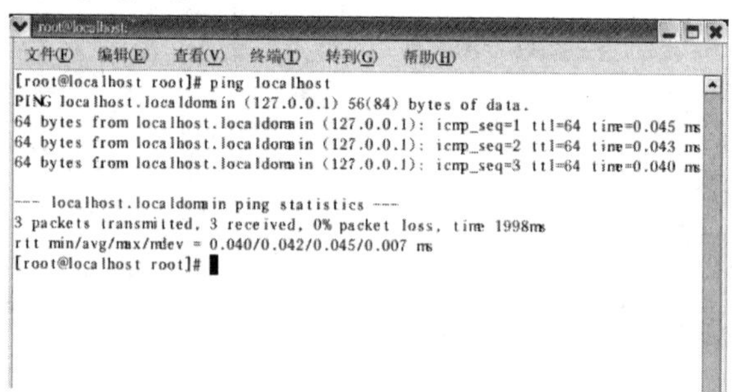

图 4-12 ping 命令示例

图 4-12 说明，系统以 64bit/s 向 localhost（127.0.0.1）发出数据包，在一定时间内得到回应，说明设备正常。使用“Ctrl+C”组合键结束发送数据包。

【任务 22】netstat——显示网络连接、路由表和网络接口信息。

语法格式：

netstat [选项]

用法举例（见图 4-13）：

[root@localhost root]# netstat -i #查看网卡传送、接收情况

从图 4-13 可以看到数据包发送、接收成功与失败的情况。显示信息的最后一列，“Flg”表明当前网络接口的情况。

其中：

B——表示已经设置广播地址。

L—— 表示是一个环路。
R—— 即 Running，表示接口当前处于执行状态。
U—— 即 Up，表示该接口处于激活状态。

```
[root@localhost root]# netstat -i
Kernel Interface table
Iface     MTU Met    RX-OK RX-ERR RX-DRP RX-OVR    TX-OK TX-ERR TX-DRP TX-OVR Flg
eth0      1500   0      83      0      0      0        4      0      0      0 BM
RU
lo       16436   0   31098      0      0      0    31098      0      0      0 LR
U
You have new mail in /var/spool/mail/root
[root@localhost root]#
```

图 4-13 netstat 命令示例

[root@localhost root]# netstat -r #查看路由表信息，如图 4-14 所示

```
[root@localhost root]# netstat -r
Kernel IP routing table
Destination     Gateway         Genmask         Flags   MSS Window  irtt Iface
192.168.40.0    *               255.255.255.0   U         0 0          0 eth0
169.254.0.0     *               255.255.0.0     U         0 0          0 eth0
127.0.0.0       *               255.0.0.0       U         0 0          0 lo
[root@localhost root]#
```

图 4-14 查看路由表信息

4.6 文件链接

4.6.1 链接文件的概念

链接文件实际上是给系统中已有的某个文件指定另外一个可用于访问它的名称。对于这个新的文件名，可以为之指定不同的访问权限，以控制对信息的共享和安全性的问题。如果链接指向目录，用户就可以利用该链接直接进入被链接的目录，而不用输入一长串路径名。

链接文件的分类：

（1）硬链接 即两个文件名指向的是硬盘中的同一个存储空间，对两个文件中任何一个进行修改都会影响到另一个。

（2）软（符号）链接 仅仅是指向目的文件的路径，类似于 Windows 系统中的快捷方式。

4.6.2 链接文件的创建

创建硬链接：

ln <被链接文件> <链接文件名>

创建软链接：

ln -s <被链接文件> <链接文件名>

创建硬链接时，首先查看目录中的文件情况：

```
# ls -1
-rwxr-xr-x 1 Mike users 58 Jun 21 10:05 file 1
# cat file1
This is file1.
```

建立文件 file 1 的硬链接文件 file2：

```
# ln file1 file2
# cat file2
This is file1.
# ls -1
-rwxr-xr-x 2 Mike users 58 Jun 21 10:05 file1
-rwxf-xr-x 2 Mike users 58 Jun 21 10:07 file2
```

可以看出，file2 和 file1 的大小相同，内容相同。再看详细信息的第二列，原来 file1 的链接数是 1，说明这一块硬盘存储空间只有 file1 一个文件指向它，而建立起 file1 和 file2 的硬链接关系之后，这块硬盘空间就有 file1 和 file2 两个文件同时指向它，所以 file1 和 file2 的链接数就都变成了 2。

因为两个文件同时指向一块硬盘空间，所以如果现在修改 file2 的内容为“This is file2.”，再查看 file 1 的内容，就会有：

```
# cat file1
This is file2
```

如果删除其中的一个文件（不管是哪一个），就是删除了该文件和硬盘空间的指向关系，该硬盘空间不会释放，另外一个文件的内容也不会发生改变，但是目录详细信息中的链接数会减少。

```
# rm -f file1
# ls -1
rwxr-xr-x 1 Mike users 58 Jun 21 10:07 file2
# cat file2
This is file2.
```

符号链接（也称为软链接），是指将一个文件指向另外一个文件的文件名。这种符号链接的关系由 In -s 命令行来建立。首先查看一下目录中的文件信息：

```
#ls -1
-rwxrxr-x 1 Mike users 58 Jun 21 10:05 file1
# cat file1
This is file1.
```

建立文件 file1 的符号链接文件 file2：

```
# ln -s file1 file2
```

该命令产生一个新的文件 file2，它和已经存在的文件 file1 建立起符号链接关系：

```
# cat file2
```

This is file1.
#ls -1
-rwxr-xr-x 1 Mike users 58 Jun 21 10:05 file1
lrwxrwxrwx 1 Mike users 5 Jun 21 10:07 file2-> file1

可以看出 file2 这个文件很小，因为它只是记录了要指向的文件名而已，注意那个从文件 file2 指向文件 file1 的指针。

为什么 cat 命令显示的 file2 的内容与 file1 相同呢？因为 cat 命令在寻找 file2 的内容时，发现 file2 是一个符号链接文件，就根据 file2 记录的文件名找到了 file1 文件，然后将 file1 的内容显示出来。

明白了 file1 和 file2 的符号链接关系，就可以理解为什么 file1 的链接数仍然为 1，这是因为 file1 指向的硬盘空间仍然只有 file1 一个文件在指向。

如果现在删除了 file2，对 file1 并不产生任何影响；而如果删除了 file1，那么 file2 就因无法找到文件名为 file1 的文件而成为死链接。

#rm -f file1
#ls-1
lrwxrwxrwx 1 Mike users 5 Jun 21 10:07 file2-> file1
cat file2
cat: file2: No such file or directory

如果[链接名]是一个目录名（已存在），系统将在该目录下建立一个或多个与“源文件”同名的链接文件。如果[链接名]为一个已存在的文件，用户将被告知该文件已存在且不进行链接。

$ ln - s lunch /home/xu

用户为当前目录下的文件 lunch，在/home/xu 下创建了一个符号链接。

如果删除了文件 lunch，则目录/home/xu/下的 lunch 文件（同名文件）也不存在。

实训项目四 Red Hat Enterprise Linux 5 常用命令一

1．实训目的

理解 Linux 文件系统的结构和目录组织方式；掌握 Linux 常用目录和文件命令的使用（pwd、cd、ls、mkdir、rmdir、cat、more、less、head、tail 命令）。

2．实训内容

打开 Linux 的终端窗口，练习以下命令的使用。

（1）Linux 目录管理命令

1）pwd，显示当前工作目录。

2）cd，要求：①先转到/root 目录；②再转到根目录。

3）ls，列出根目录下的文件和目录，要求：①列出全部文件；②用不同颜色表示各种类型的文件。

4）在根目录下创建 test 目录，然后在 test 目录下创建 test1 目录和 test2 目录。

5）删除 test1 目录。

6）依次改变当前目录到根目录、test 目录、test2 目录，再改变目录到当前目录的上一级目录。

7）练习使用 cd 和 pwd 命令，如进入/home，然后切换到/root。

8）使用 ls 命令的 i/l/a/A 等参数查看根目录下的文件信息。在 stXX 目录下建立如图 4-15 所示的文件目录。

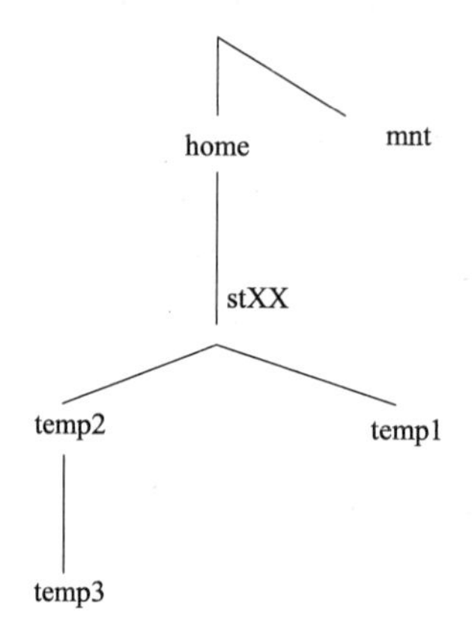

图 4-15　文件目录

9）将 temp2/temp3 二级目录删除。

（2）显示文件内容命令

1）用 cat 在 stXX 目录下建文件 file1.txt 和 file2.txt，内容自定。要求：用 cat 显示 file1.txt 的内容；用 cat 将 file1.txt 和 file2.txt 的内容合并起来放到 file3.txt 中。

2）文件复制：将 stXX 目录下的 file1.txt、file2.txt、file3.txt 复制到 temp2 目录下（可考虑使用通配符）。

3）使用 more、less 查看文件 file1.txt 的内容。使用 head、tail 命令查看文件的第 5～10 行的内容。

3．提交实训报告

实训结束后提交实训报告。

实训项目五　Red Hat Enterprise Linux 5 常用命令二

1．实训目的

理解 Linux 目录管理命令的使用；掌握用户管理命令的使用；熟练掌握文件和目录的访问权限（cp、rm、mv、mkdir、rmdir、chmod、chown、groupadd、groupdel、usermod、useradd、userdel、passwd 命令）。

2．实训内容

打开 Linux 的终端窗口，练习以下命令的使用。

准备工作：在根目录下创建 stXX 子目录，在 stXX 下创建 temp1 和 temp2 子目录。用 cat 在 temp1 下建立文件 file1.txt、file2.txt。

（1）Linux 目录管理命令

1）目录复制。将 temp1 目录复制到 temp2 目录下（即 temp1 作为 temp2 的子目录）。

2）mv 命令。

① 重命名。将 temp1 下的 file1.txt 重命名为 myfile.txt。

② 文件移动。将 temp1 下的 myfile.txt 移至 temp2/temp1 目录下。

3）rm 命令。将 temp2 下的所有文件和子目录删除。

（2）更改目录或文件的访问权限

1）先建立一个实验文件 file1.txt 要求：

① 建在 stXX 目录下。

② 文件内容为："我最喜欢的一句诗词是：采菊东篱下，悠然见南山。"

2）显示文件 file1.txt 的权限。

3）使用 chmod 命令更改 file1.txt 的权限。

①为同组用户和其他用户添加 w 权限。

② 为文件属主去掉 r 权限。

③ 用文字设定法将 file1.txt 权限设置为 rw-r—r-x。

④ 用数字设定法将 file1.txt 权限设置为 rwxrw-r--。

4）使用 chown 命令将 file1.txt 所属的组改为 zhangyx。

5）使用 chown 命令将 file1.txt 所属主改为 zhangyx。

（3）用户管理

1）用户管理命令。

① 添加/创建一个新用户 student。

② 为用户 student 设置口令 123456。

③ 到虚拟控制台练习 student 用户的注册与注销操作。

④ 使用 who 命令显示登录到系统上的用户。

⑤ 删除用户 student。

2）用户组的设置。

① 新建两个组 stgroup1 和 stgroup2。

② 创建 3 个用户 student01、student02 和 student03。

③ 将 student01 和 student02 划归到组 stgroup1，将 student03 划归到组 stgroup2。

④ 删除组 stgroup2。

3．提交实训报告

实训结束后提交实训报告。

实训项目六　Red Hat Enterprise Linux 5 常用命令三

1．实训目的

理解重定向和管道的概念；掌握查询系统的使用；掌握进程查看命令和结束进程命令（find、grep、ps、top、kill 命令）。

2．实训内容

打开 Linux 的终端窗口，练习以下命令的使用。

实训前准备：

1）在 stXX 目录下建立 test 子目录。

2）使用 cat 命令在 test 子目录下建立文件 file。

（1）查询系统

1）find 命令。查找 stXX 目录下所有以.bak 结尾的文件。

2）grep 命令。

① 先在 test 目录下建立一个 employee 文件，内容为：

Zhang, San 123 Changjiang, Zhengzhou, China
Li, Si,　　456 Huaghe, Baoding, China
Wang, Wu 789 Changjiang, Zhengzhou, China

② 在 employee 中查找住在 Changjiang 的人员信息。

③ 利用管道命令连接以下命令：使用 cat 命令显示 employee 内容，使用 grep 命令查找住在 Changjiang 的人员信息，然后使用 wc 命令统计住在 Changjiang 的人数（行数）。

（2）重定向和管道

1）输出重定向。

① 使用 ls 命令显示 test 目录下的所有文件和目录，并将标准输出重定向到文件 lsfile。

② 使用 cat 命令显示 test 目录下文件 file 的内容，并将输出内容追加到文件 lsfile。

③ 使用 cat 命令显示文件 lsfile 的内容，观察结果。

2）错误信息重定向。

① 输入一个错误命令#cd /test，观察输出的错误提示。

② 将①的错误提示重定向到文件 errfile 中。

3）输入重定向。

① 执行#wc /home/stXX/test/file，观察输出的结果。

② 执行#wc </home/stXX/test/file，观察输出的结果，比较①和②的区别。

4）管道。

① 先在 test 目录下建立一个 testfile 文件，内容如下：

Low:go to school
Low:go swimming

High:go home

② 执行#cat testfile|grep “Low” |wc－l，观察输出的结果，思考该命令执行的原理和实现的功能。

（3）进程管理

1）ps 命令。

① 使用 ps 命令显示终端上的所有进程，并显示出进程的所有者等信息。

② 使用 ps 命令显示终端上的所有正在运行的进程，要求以长格式显示。

③ 使用 ps 命令显示没有终端控制的进程。

2）Top 命令。

① 使用 top 命令显示当前进程状况，观察结果，了解每个显示项的意义，然后按“Q”键退出。

② 使用 top 命令显示当前进程状况，要求：指定刷新的时间间隔为 2s；不显示任何闲置或僵死进程。

3）kill 命令。

① 使用 ps－e 命令显示所有进程。

② 使用 kill 命令终止某一进程。

4）用 free 查看内存的信息。

① 以字节为单位显示。

② 以 KB 为单位显示。

③ 以 MB 为单位显示内存总和。

（4）Shell 脚本　编写一个 Shell 脚本 test.sh，脚本在执行时，接收用户输入的文件名，然后显示该文件的内容。

3. 提交实训报告

实训结束后提交实训报告。

实训项目七　Red Hat Enterprise Linux 5 常用命令四

1. 实训目的

掌握 RPM 软件包管理工具；掌握网络环境配置方法（rpm、ifconfig、netstat 命令）。

2. 实训内容

打开 Linux 的终端窗口，练习以下命令的使用。

（1）RPM 软件包管理工具

1）通过 man rpm 了解 RPM 的功能和基本使用方法。

2)使用 rpm 命令查询出所有已安装的 mysql 软件包(即软件包名称含有“mysql”字符串)。

3）查询系统中已安装的某一软件包（如 apache），并用参数-i 显示其描述信息。

（2）网络环境配置

1）使用 man ifconfig 命令了解该命令的功能和使用方法。

2）使用 ping 命令测试本地机和目的机之间的连通性。

① 测试与 localhost 的连通性。

② 测试与 www.zjwchc.com 的连通性。

③ 测试与 192.168.23.13 和 192.168.101.200 的连通性。

3）使用 netstat 命令显示网络状态的一些信息

① 使用参数 i 显示所有网卡信息。

② 使用参数 i 显示路由表信息。

（3）自行设计一个合理的方案来实现文件权限的控制

Jack 一个人使用 Linux 系统，他既是系统管理员，又是普通用户。为了使系统稳定运行，他需要使用管理员账号为自己创建两个用户账号 tenny 和 ten，平时他使用这两个用户名登录、使用系统。为了使这两个用户交换和共享使用更方便，还需要达到如下要求：

1）在系统上建立一个目录“/myfile”。

2）设置目录“/myfile”的权限：该目录里面的文件只能由 tenny 和 ten 两个用户读取、增加、删除、修改和执行，其他用户不能对该目录进行任何访问操作。

思考与练习

1. 选择题

（1）Linux 文件权限中保存了（　　）信息。

A．文件所有者的权限　　B．文件所有者所在组的权限

C．其他用户的权限　　D．以上都包括

（2）Linux 文件系统的文件都按其作用分门别类地存放在相关的目录中，对于外部设备文件，一般应将其放在（　　）目录中。

A．/bin　　B．/etc　　C．/dev　　D．/lib

（3）某文件组外成员的权限为只读；所有者有全部权限；组内的权限为读写，则该文件的权限为（　　）。

A．467　　B．674　　C．476　　D．764

（4）文件 exer1 的访问权限为 rw-r--r--，现要增加所有用户的执行权限和同组用户的写权限，下列命令正确的是（　　）。

A．chmod a+x, g+w exer1　　B．chmod 765 exer1

C．chmod o+x exer1　　D．chmod g+w exer1

（5）在 Linux 系统中有一个文件/dev/hda2，则该文件最可能是（　　）类型的文件。

A．普通文件　B．特殊文件　C．目录文件　D．链接文件

（6）在 Linux 系统中，下列哪个命令可以用来安装驱动程序包？（　　）

A．/setup　B．/load　C．/rpm　D．/installmod

（7）在 Linux 系统中，下列哪个命令可以用来建立分区？（　　）

A．/fdisk　B．/mkfs　C．/tune2fs　D．/mount

（8）在 Linux 系统中，下列哪个命令可以用来查看 kernel 版本信息？（　　）

A．/ckeck　B．/ls kernel　C．/kernel　D．/uname

（9）哪一个是终止一个前台进程可能用到的命令和操作？（　　）

A．kill　B．Ctrl+C　C．shut down　D．halt

（10）下面哪一个选项不是 Linux 系统的进程类型？（　　）

A．交互进程　B.批处理进程　C．守护进程　D．就绪进程

2．填空题

（1）在 Linux 系统中，以____________方式访问设备。

（2）某文件的权限为：-rw-r--r--，用数值形式表示该权限，则该八进制数为____________，该文件属性是____________。

（3）____________命令可以移动文件和目录，还可以为文件和目录重新命名。

（4）用____________符号将输出重定向内容附加在原文的后面。

（5）增加一个用户的命令是：____________或____________。

（6）在 cd 命令中可以有两种表示目录路径的形式：____________是以当前目录为参照，____________是以“/”开始的路径。

3．简答题

（1）Linux 系统中一个文件的全路径为/etc/passwd，这表示了文件的哪些信息？

（2）什么是 Shell？为什么要使用 Shell？Linux 系统中常用的 Shell 有哪些？

（3）运行脚本时系统提示“No Such File or Directory”，这可能是什么原因？

（4）简述进程启动、终止的方式以及如何查看进程。

（5）常用的文件压缩命令有哪些？

（6）标准输入和标准输出是指什么？输出重定向和输入重定向是指什么？

第5章 常用网络服务

本章通过完成 Linux 5 个服务器的配置任务——FTP 服务器的配置与应用、DNS 服务器的配置与应用、Apache 服务器的配置与应用、Samba 服务器的配置与应用和邮件服务器的配置与应用，培养学生从事计算机网络管理类工作的核心职业能力，使学生能够分析、设计和部署中小型企业局域网的各种网络基础服务和应用服务，维护网络安全，监控网络性能，具备管理各类型局域网络所需要的技术基础和能力基础。

本章主要知识点：

1）掌握 FTP、DNS、Apache、Samba 和邮件服务器的概念及工作原理。

2）掌握 FTP、DNS、Apache、Samba 和邮件服务器的运行及停止的方法。

3）掌握 FTP、DNS、Apache、Samba 和邮件服务器配置文件的修改方法。

4）掌握 FTP、DNS、Apache、Samba 和邮件服务器的配置方法。

5）掌握各服务器对应客户端的配置与使用方法。

本章主要技能点：

1）熟练掌握 FTP 的配置与管理。

2）能熟练配置与管理 DNS 服务器。

3）提高在 Internet 上架设 Web 服务器的能力。

4）能熟练配置 Sendmail 邮件服务器。

5）能够熟练掌握 Samba 服务器的架设与管理。

6）能够具有良好的团队合作精神。

5.1 FTP 服务器的配置与应用

1．学习本节课程需要实现的教学目标

1）掌握 FTP 的概念和工作原理。

2）掌握 FTP 服务器的运行和停止的方法。

3）掌握 FTP 服务器配置文件的修改方法。

4）掌握 FTP 服务器的配置方法。

5）掌握 FTP 客户端的使用方法。

2．学生学习本节课程后应该具有的职业能力

1）熟练掌握 FTP 服务器的配置能力。

2）熟练掌握 FTP 客户端的配置能力。

3）能够为企业的局域网设计 FTP 服务器方案。

4）具有较好的团队合作能力。

5.1.1 FTP 服务器的工作原理及命令

1．FTP 概述

FTP（文件传输协议）是一个用于从一台主机到网络中另外一台主机传送文件的协议。

该协议的历史可追溯至 1971 年（当时互联网尚处于实验之中），不过至今仍然极为流行。FTP 在 RFC959 中有具体说明。在一个典型的 FTP 会话中，用户通过本地主机，可以把文件传送到一台远程主机（上传），或者把文件从一台远程主机传送过来（下载）。

2．FTP 功能

FTP 服务不受计算机类型以及操作系统的限制，无论是 PC、服务器还是大型机，也无论其操作系统是 Linux、DOS 还是 Windows，只要建立 FTP 连接的双方都支持 FTP，就可以方便地传输文件。目前 FTP 服务主要应用于以下几个方面：

1）文件的上传与下载。

2）软件的高速下载。

3）Web 站点的维护与更新。

3．FTP 工作原理

1）FTP 服务采用客户机/服务器模式，FTP 客户机和服务器使用 TCP 建立连接。FTP 服务器使用两个并行的 TCP 连接来传送文件，一个是控制连接，一个是数据连接。

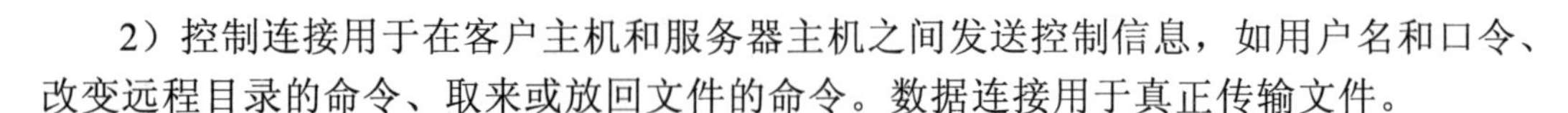

2）控制连接用于在客户主机和服务器主机之间发送控制信息，如用户名和口令、改变远程目录的命令、取来或放回文件的命令。数据连接用于真正传输文件。

4．FTP 客户机和服务器的会话建立

FTP 客户机和服务器的会话建立（见图 5-1），具体经历以下几个阶段：

1）当 FTP 客户机启动与远程 FTP 服务器间的一个 FTP 会话时，FTP 客户机首先发起建立与 FTP 服务器 21 端口之间的控制连接，然后经由该控制连接把用户名和口令发送给服务器。

2）客户机经由该控制连接把本地临时分配的数据端口告知服务器，以便服务器发起建立一个从 FTP 服务器端口 20 到客户机指定端口之间的数据连接。

3）当用户每次请求传送文件时（无论上传或下载），FTP 将在服务器的 20 端口打开一个数据连接（其发起端既可能是服务器，也可能是客户机）。当数据传输完毕后，用于建立数据连接的端口会自动关闭，到再有文件传送请求时重新打开。

4）在 FTP 会话中，控制连接在整个用户会话期间一直处于打开状态，而数据连接则为每次文件传送请求重新打开一次。也就是说，在整个 FTP 会话过程中，控制连接是持久的，而数据连接是非持久的。

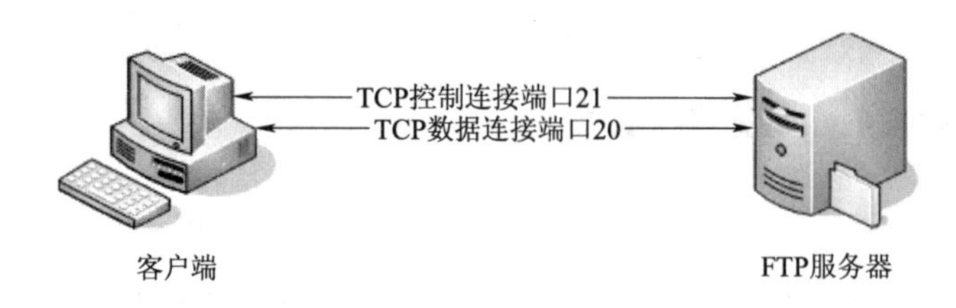

图 5-1　FTP 客户机与服务器会话建立过程

5．FTP 命令

在登录成功之后，用户就可以进行相应的文件传输操作了。其中常用到的一些重要命令如下：

（1）FTP>?　显示 FTP 命令说明。? 与 help 相同。

（2）FTP> append　使用当前文件类型设置将本地文件附加到远程计算机的文件上。

格式：append local-file [remote-file]

（3）FTP> ascii　将文件传送类型设置为默认的 ASCII。

（4）FTP> binary（或 bi）　将文件传送类型设置为二进制。

（5）FTP> bell　切换响铃，以在每个文件传送命令完成后响铃。默认情况下，铃声是关闭的。

（6）FTP> bye（或 by）　结束与远程计算机的 FTP 会话并退出 FTP。

（7）FTP> cd　更改远程计算机中的工作目录。

格式：cd remote-directory

（8）FTP> close　结束与远程服务器的 FTP 会话并返回命令解释程序。

（9）FTP> debug　切换调试。

（10）FTP> delete　删除远程计算机中的文件。

格式：delete remote-file

（11）FTP> dir　显示远程目录文件和子目录列表。

（12）FTP> disconnect　从远程计算机断开，保留 FTP 提示。

（13）FTP> get　使用当前文件转换类型将远程文件复制到本地计算机。

格式：get remote-file [local-file]

（14）FTP >glob　切换文件名组合。组合允许在内部文件或路径名中使用通配符（*和？）。默认情况下，组合是打开的。

（15）FTP >hash　切换已传输的每个数据块的数字签名（#）打印。数据块的大小是 2048B。默认情况下，散列符号打印是关闭的。

（16）FTP >lcd　更改本地计算机上的工作目录。默认情况下，工作目录是启动 FTP 的目录。

格式：lcd [directory]

（17）FTP >type　设置或显示文件传送类型。

格式：type [type-name]

（18）FTP >mdelete　删除远程计算机中的文件。

格式：mdelete remote-files [...]

（19）FTP >mdir　显示远程目录文件和子目录列表。可以使用 mdir 指定多个文件。

格式：mdir remote-files [...] local-file

（20）FTP >mget　使用当前文件传送类型将远程文件复制到本地计算机。

格式：mget remote-files [...]

（21）FTP >mkdir　创建远程目录。

格式：mkdir directory

（22）FTP >mls　显示远程目录文件和子目录的缩写列表。

（23）FTP >mput　使用当前文件传送类型将本地文件复制到远程计算机中。

格式：mput local-files [...]

（24）FTP >open　与指定的 FTP 服务器连接。

格式：open computer [port]

（25）FTP >put　使用当前文件传送类型将本地文件复制到远程计算机中。

格式：put local-file [remote-file]

（26）FTP >pwd　显示远程计算机中的当前目录。

（27）FTP >quit　结束与远程计算机的 FTP 会话并退出 FTP。

（28）FTP >rmdir　删除远程目录。

格式：rmdir directory

（29）FTP >status　显示 FTP 连接和切换的当前状态。

6. FTP 命令的返回值

FTP 命令的返回值见表 5-1。

表 5-1 FTP 命令的返回值

数 字	含 义	数 字	含 义
125	打开数据连接，传输开始	230	用户登录成功
200	命令被接受	331	用户名被接受，需要密码
211	系统状态，或者系统返回的帮助	421	服务不可用
212	目录状态	425	不能打开数据连接
213	文件状态	426	连接关闭，传输失败
214	帮助信息	452	写文件出错
220	服务就绪	500	语法错误，不可识别的命令
221	控制连接关闭	501	命令参数错误
225	打开数据连接，当前没有传输进程	502	命令不能执行
226	关闭数据连接	503	命令顺序错误
227	进入被动传输状态	530	登录不成功

5.1.2 配置 vsftpd 服务器

1. vsftpd 服务的安装

（1）查询 vsftpd 软件是否安装 查询语句：

rpm -q vsftpd

（2）如果系统没有安装 vsftpd 服务，则先挂载光盘

mount /dev/cdrom /mnt

（3）安装 vsftpd

rpm -ivh /mnt/Server/vsftpd-*

（4）在安装的过程中如果出现软件安装包依赖问题 可以利用 yum 来安装，解决的方法如下：

1）用 VI 打开 rhel-debuginfo.repo 文件：

VI /etc/yum.repos.d/rhel-debuginfo.repo

修改如图 5-2 所示。

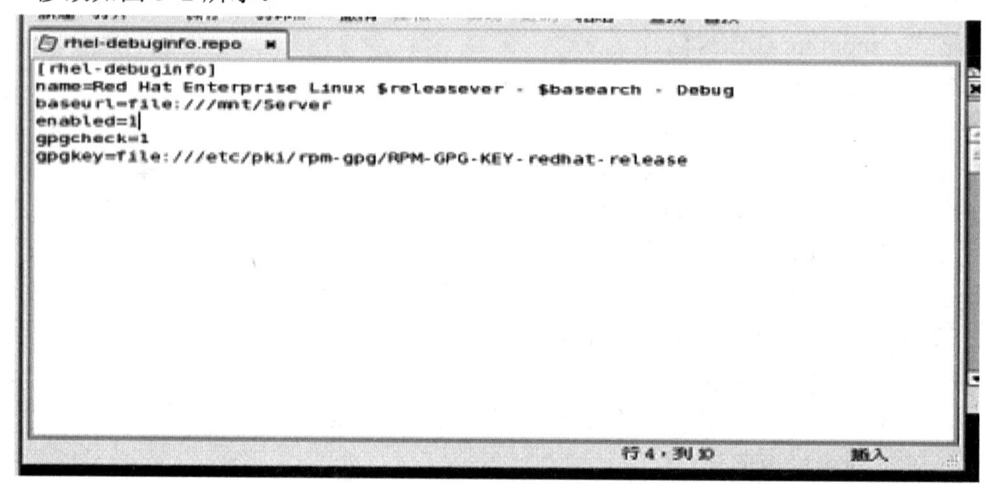

图 5-2 文件/etc/yum.repos.d/rhel-debuginfo.repo 的修改

2）利用 yum 安装 vsftpd：

yum install vsftpd-*

2. vsftpd 服务启动、测试与停止

（1）vsftpd 服务可以以独立或被动方式启动 在 Red Hat Enterprise Linux 5 中，默认以独立方式启动：

service vsftpd start

（2）测试 vsftpd 服务 vsftpd 服务器安装并启动服务后，用其默认配置就可以正常工作了。vsftpd 默认的匿名用户账号为 ftp，密码也为 ftp，登录 FTP 的命令：ftp localhost，其过程如图 5-3 所示。

（3）vsftpd 服务停止 service vsftpd stop

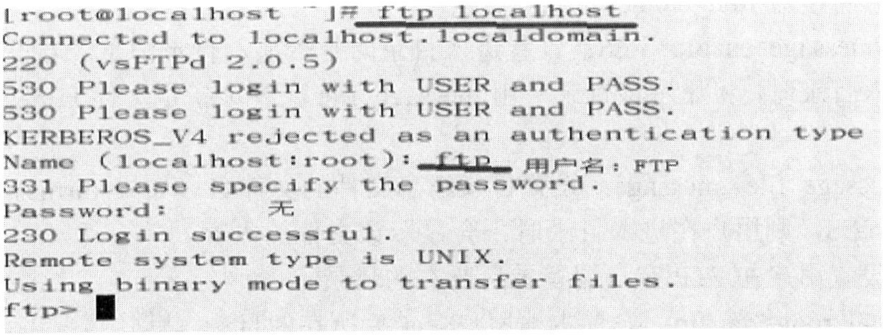

```
[root@localhost ~]# ftp localhost
Connected to localhost.localdomain.
220 (vsFTPd 2.0.5)
530 Please login with USER and PASS.
530 Please login with USER and PASS.
KERBEROS_V4 rejected as an authentication type
Name (localhost:root): ftp 用户名：FTP
331 Please specify the password.
Password:     无
230 Login successful.
Remote system type is UNIX.
Using binary mode to transfer files.
ftp>
```

图 5-3 测试 FTP 服务

3. vsftpd 服务器的配置

vsftpd 服务的相关配置文件包括以下几个：

1）/etc/vsftpd/vsftpd.conf：vsftpd 服务器的主配置文件。

2）/etc/vsftpd.ftpusers：在该文件中列出的用户清单将不能访问 FTP 服务器。

3）/etc/vstpd.user_list：当 /etc/vsftpd/vsftpd.conf 文件中“userlist_enable”和“userlist_deny”的值都为 YES 时，在该文件中列出的用户不能访问 FTP 服务器。当 /etc/vsftpd/vsftpd.conf 文件中“userlist_enable”的取值为 YES 而“userlist_deny”的取值为 NO 时，只有/etc/vstpd.user_list 文件中列出的用户才能访问 FTP 服务器。

4. 常用配置参数

（1）登录及对匿名用户的设置

1）anonymous_enable=YES：设置是否允许匿名用户登录 FTP 服务器。

2）local_enable=YES：设置是否允许本地用户登录 FTP 服务器。

3）write_enable=YES：全局性设置，设置是否对登录用户开启写权限。

4）local_umask=022：设置本地用户的文件生成掩码为 022，则对应权限为 755（777−022＝755）。

5）anon_umask=022：设置匿名用户新增文件的 umask 掩码。

6）anon_upload_enable=YES：设置是否允许匿名用户上传文件，只有在 write_enable 的值为 YES 时，该配置项才有效。

7）anon_mkdir_write_enable=YES：设置是否允许匿名用户创建目录，只有在 write_enable 的值为 YES 时，该配置项才有效。

8）anon_other_write_enable=NO：若设置为 YES，则匿名用户会被允许拥有多于上传和建立目录的权限，还有删除和更名的权限。默认值为 NO。

9）ftp_username=ftp：设置匿名用户的账户名称，默认值为 ftp。

10）no_anon_password=YES：设置匿名用户登录时是否询问口令。设置为 YES，则不询问。

（2）用户登录 FTP 服务器成功后，服务器可以向登录用户输出预设置的欢迎信息

1）ftpd_banner=Welcome to blah FTP service.：设置登录 FTP 服务器时显示的信息。

2）banner_file=/etc/vsftpd/banner：设置用户登录时，将要显示 banner 文件中的内容，该设置将覆盖 ftpd_banner 的设置。

3）dirmessage_enable=YES：设置进入目录时是否显示目录消息。若设置为 YES，则用户进入目录时，将显示该目录中由 message_file 配置项指定文件（.message）中的内容。

4）message_file=.message：设置目录消息文件的文件名。如果 dirmessage_enable 的取值为 YES，则用户在进入目录时，会显示该文件的内容。

（3）设置用户在 FTP 客户端登录后所在的目录

1）local_root=/var/ftp：设置本地用户登录后所在的目录，默认情况下，没有此项配置。在 vsftpd.conf 文件的默认配置中，本地用户登录 FTP 服务器后，所在的目录为用户的家目录。

2）anon_root=/var/ftp：设置匿名用户登录 FTP 服务器时所在的目录。若未指定，则默认为/var/ftp 目录。

（4）设置是否将用户锁定在指定的 FTP 目录　默认情况下，匿名用户会被锁定在默认的 FTP 目录中，而本地用户可以访问到自己 FTP 目录以外的内容。出于安全性的考虑，建议将本地用户也锁定在指定的 FTP 目录中。可以使用以下几个参数进行设置。

1）chroot_list_enable=YES：设置是否启用 chroot_list_file 配置项指定的用户列表文件。

2）chroot_local_user=YES：用于指定用户列表文件中的用户，是否允许切换到指定 FTP 目录以外的其他目录。

3）chroot_list_file=/etc/vsftpd.chroot_list：用于指定用户列表文件，该文件用于控制哪些用户可以切换到指定 FTP 目录以外的其他目录。

（5）设置用户访问控制　对用户的访问控制由/etc/vsftpd.user_list 和/etc/vsftpd.ftpusers 文件控制。/etc/vsftpd.ftpusers 文件专门用于设置不能访问 FTP 服务器的用户列表，而/etc/vsftpd.user_list 由下面的参数决定。

1）userlist_enable=YES：取值为 YES 时，/etc/vsftpd.user_list 文件生效；取值为 NO 时，/etc/vsftpd.user_list 文件不生效。

2）userlist_deny=YES：设置/etc/vsftpd.user_list 文件中的用户是否允许访问 FTP 服务器。若设置为 YES 时，则/etc/vsftpd.user_list 文件中的用户不能访问 FTP 服务器；

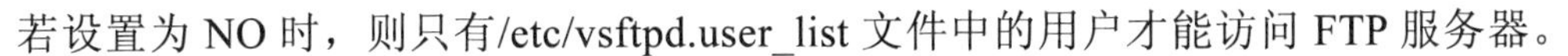

若设置为 NO 时，则只有/etc/vsftpd.user_list 文件中的用户才能访问 FTP 服务器。

（6）设置主机访问控制

tcp_wrappers=YES：设置是否支持 tcp_wrappers。若取值为 YES，则由/etc/hosts.allow 和/etc/hosts.deny 文件中的内容控制主机或用户的访问；若取值为 NO，则不支持。

（7）设置 FTP 服务的启动方式及监听 IP　vsftpd 服务既可以以独立方式启动，也可以由 Xinetd 进程监听，以被动方式启动。

1）listen=YES：若取值为 YES，则 vsftpd 服务以独立方式启动。如果想以被动方式启动，将本行注释掉即可。

2）listen_address=IP：设置监听 FTP 服务的 IP 地址，适合于 FTP 服务器有多个 IP 地址的情况。如果不设置，则在所有的 IP 地址监听 FTP 请求。只有 vsftpd 服务在独立启动方式下才有效。

（8）与客户连接相关的设置

1）anon_max_rate=0：设置匿名用户的最大传输速度，若取值为 0，则不受限制。

2）local_max_rate=0：设置本地用户的最大传输速度，若取值为 0，则不受限制。

3）max_clients=0：设置 vsftpd 在独立启动方式下允许的最大连接数。若取值为 0，则不受限制。

4）max_per_ip=0：设置 vsftpd 在独立启动方式下，允许每个 IP 地址同时建立的连接数目。若取值为 0，则不受限制。

5）accept_timeout=60：设置建立 FTP 连接的超时时间间隔，以 s 为单位。

6）connect_timeout=120：设置 FTP 服务器在主动传输模式下建立数据连接的超时时间，单位为 s。

7）data_connect_timeout=120：设置建立 FTP 数据连接的超时时间，单位为 s。

8）idle_session_timeout=600：设置断开 FTP 连接的空闲时间间隔，单位为 s。

9）pam_service_name=vsftpd：设置 PAM 所使用的名称。

（9）设置上传文档的所属关系和权限

1）chown_uploads=YES：设置是否改变匿名用户上传文档的属主。默认为 NO。若设置为 YES，则匿名用户上传的文档属主将由 chown_username 参数指定。

2）chown_username=whoever：设置匿名用户上传的文档的属主。建议不要使用 root。

3）file_open_mode=755：设置上传文档的权限。

（10）设置数据传输模式　FTP 客户端和服务器间在传输数据时，既可以采用二进制方式，也可以采用 ASCII 码方式。

1）ascii_download_enable=YES：设置是否启用 ASCII 码模式下载数据。默认为 NO。

2）ascii_upload_enable=YES：设置是否启用 ASCII 码模式上传数据。默认为 NO。

5. 配置基于虚拟用户的 FTP 服务器

虚拟用户只具有从远程登录 FTP 服务器的权限，只能访问为其提供的 FTP 服务。

虚拟用户不具有本地登录权限。虚拟用户的用户名和口令都是由用户口令库指定，一般采用 PAM 进行认证。

5.2 DNS 服务器的配置与应用

1．学习本节课程需要实现的教学目标

1）DNS 服务的工作原理（理解）。

2）DNS 服务的安装与启动（掌握）。

3）主 DNS 服务器的配置（重点掌握）。

4）DNS 客户端的配置（熟悉）。

2．学生学习本节课程后应该具有的职业能力

1）能熟练配置与管理主 DNS 服务器。

2）能熟练配置 DNS 客户端的配置。

3）能熟练完成关于 DNS 服务的故障排除。

5.2.1 DNS 服务器的工作原理

1．DNS 服务概述

DNS 是域名系统（Domain Name System）的缩写，是一种组织域层次结构的计算机和网络服务命名系统。它所提供的服务是完成将主机名和域名转换为 IP 地址的工作。为什么需要将主机名和域名转换为 IP 地址呢？这是因为，当网络上的一台客户机访问某一服务器中的资源时，用户在浏览器地址栏输入的是便于识记的主机名和域名，如 Http：//www.263.net。而网络上的计算机之间实现连接却是通过每台计算机在网络中拥有的唯一的 IP 地址来完成的，这样就需要在用户容易记忆的地址和计算机能够识别的地址之间有一个解析，DNS 服务器便充当了解析的重要角色。

2．DNS 的解析过程

DNS 分为客户机和服务器，客户机扮演发问的角色，也就是问服务器一个域名，而服务器必须要回答此域名的真正 IP 地址。

1）客户机提出域名解析请求，并将该请求发送给本地的域名服务器。

2）本地的域名服务器收到请求后，先查询本地的缓存，如果有该记录项，则本地的域名服务器就直接把查询的结果返回给客户机。

3）如果本地的缓存中没有该记录，则本地域名服务器把请求发给根域名服务器，根域名服务器返回给本地域名服务器一个所查询域（根的子域）的主域名服务器的地址。

4）本地服务器向上一步返回的域名服务器发送请求，接受请求的服务器查询自己

的缓存，如果没有该记录，则返回相关的下级域名服务器的地址。

5）重复第4）步，直到找到正确的记录。

6）本地域名服务器将结果返回给客户机，同时把返回的结果保存到缓存，以备下次使用。

5.2.2 DNS服务器的安装与配置

1. DNS服务器的安装

安装DNS服务器所需要的软件有：

（1）bind-9.3.6-4.P1.e15.i386.rpm　DNS服务器软件包。

（2）caching-nameserver-9.3.6-4.P1.e15.i386.rpm　高速缓存，DNS服务器的基本配置文件，建议一定安装。

（3）bind-chroot-9.3.6-4.P1.e15.i386.rpm　将主程序隔离。

所谓的chroot，代表的是“change to root”的意思，root代表的是根目录。很多英文文章中，称它为“jail”（监牢，拘留所，监狱）。早期的默认将程序启动在/var/named当中。由于一个应用程序的漏洞等问题，会导致该程序被攻击者控制，取得相应用户的权限，进而取得系统管理员级别的权限。在计算机界术语中，把这种对程序的“关”，特称为“chroot”。因此，“chroot bind”可以理解成“权限受严格限制的bind”。Red Hat预设将bind锁在/var/named/chroot目录中。为bind设置“监牢”前后见表5-2。

表5-2 bind设置“监牢”前后

文件内容	默认路径	chroot路径
bind的配置文件	/etc/named.conf	/var/named/chroot/etc/named.conf
数据库文件默认放置位置	/var/named/	/var/named/chroot/var/named/
named这个程序执行时放置pid-file的默认位置	/var/run/named	/var/named/chroot/var/run/named/

可以使用rpm-q来检查这三个软件包是否被安装。如果没有安装，可使用rpm -ivh安装这三个软件。例如，通过光驱安装DNS服务器软件包的命令如下：

```
rpm  -ivh  /mnt/cdrom/Server/bind-9.3.6-4.P1.e15.i386.rpm
```

2. DNS服务器的配置文件

DNS服务器的配置主要修改三个配置文件。

（1）主配置文件　/var/named/chroot/etc/named.conf

在/var/named/chroot/etc/下并没有named.conf文件，需要复制一个，指定所采用的DNS服务器的IP地址和本机域名后缀命令如下：

```
cd  /var/named/chroot/etc/
cp  -p  named.caching-nameserver.conf  named.conf
```

打开named.conf文件（见图5-4）：VI　named.conf

```
// to create named.conf - edits to this file will be lost on
// caching-nameserver package upgrade.
//
options {
        listen-on port 53 { any; };
        listen-on-v6 port 53 { ::1; };
        directory       "/var/named";
        dump-file       "/var/named/data/cache_dump.db";
        statistics-file "/var/named/data/named_stats.txt";
        memstatistics-file "/var/named/data/named_mem_stats.txt";

        // Those options should be used carefully because they disable port
        // randomization
        // query-source    port 53;
        // query-source-v6 port 53;

        allow-query     { any; };
        allow-query-cache { any; };
};
logging {
        channel default_debug {
                file "data/named.run";
                severity dynamic;
        };
};
view localhost_resolver {
        match-clients      { any; };
        match-destinations { any; };
```

图 5-4　named.cont 文件的内容

（2）正向解析数据库文件（见图 5-5）/var/named/chroot/var/named/localdomain.zone；

```
$TTL    86400
@               IN SOA  @       root (
                                42              ; serial (d. adams)
                                3H              ; refresh
                                15M             ; retry
                                1W              ; expiry
                                1D )            ; minimum

                IN NS           @
                IN A            127.0.0.1
                IN AAAA         ::1
```

图 5-5　正向解析数据库文件的内容

（3）反向解析数据库文件（见图 5-6） /var/named/chroot/var/named/named.local；

```
$TTL    86400
@       IN      SOA     localhost. root.localhost.  (
                                1997022700 ; Serial
                                28800      ; Refresh
                                14400      ; Retry
                                3600000    ; Expire
                                86400 )    ; Minimum
              IN      NS      localhost.

1       IN      PTR     localhost.
```

图 5-6　反向解析数据库文件的内容

（4）对正反向区域文件相关的说明　配置文件的批注使用分号，每一个设定项目最后需要加分号。

1）正反向区域文件相关参数说明，见表 5-3。

表 5-3　正反向区域文件相关参数说明

记 录 类 型	说　　明
A	主机记录，建立域名与 IP 地址之间的映射
CNAME	别名记录，为其他资源记录指定名称的替补
SOA	初始授权记录
NS	名称服务器记录，指定授权的名称服务器
PTR	指针记录，用来实现反向查询
MX	邮件交换记录，指定用来交换或者转发邮件信息的服务器
HINFO	主机信息记录，指明 CPU 与 OS

2）正向区域文件注释说明。例如，域名服务器 www.bitc.edu.cn 对应的 IP 地址为 192.168.16.254 的正向区域文件内容如下：

@　　　IN　　SOA　　bitc.edu.cn.　root.bitc.edu.cn.（

42;　　　　　　　; 序列号
3H;　　　　　　　; 刷新周期
15M;　　　　　　 ; 重试时间间隔
1W;　　　　　　　; 过期时间
1D;　　　　　　　; 生存时间
IN　NS　bitc.edu.cn.　　; 域名服务器记录（注意域名末尾符号）
www　IN　A　192.168.16.254　　; 主机名 www 到 IP 地址的映射

3. DNS 服务器配置文件的修改

（1）主配置文件 named.conf 的修改　编辑/var/named/chroot/etc/named.conf 文件，添加正向区域及反向区域。

例如，若 DNS 服务器对应的主机名称为 www.bitc.edu.cn，主机对应的 IP 地址为 192.168.16.254，则在主配置文件中修改如下（见图 5-7）：

1）新增正向查找区域：实现域名到 IP 地址的解析。

类型 type：master；slave；Cache-only

区域文件名 file：bitc.edu.cn.zone

2）新增一个反向查找区域：实现 IP 地址到域名的解析。

类型 type：master；slave；Cache-only

区域文件名 file：16.168.192.in-addr.arpa

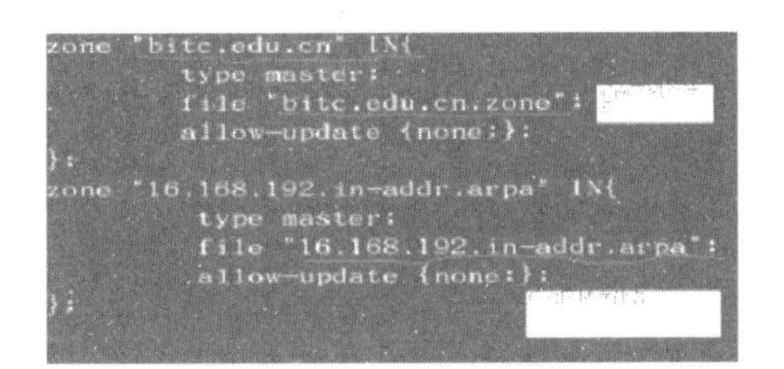

图 5-7　主配置文件的修改

zone 内的相关参数说明见表 5-4。

表 5-4　zone 内的相关参数说明

设 定 值	意 义
type	该 zone 的类型，主要的类型有 master、slave 及 hint
file	即 zone file（区域文件名）
反解 zone	反解是将 IP 反过来写，同时在最后面加上“.in-addr.arpa”来表示反解宣告 例如，192.168.16 这个 zone 就要写成 16.168.192.in-addr.arpa

（2）正向区域文件的修改

1）先复制一个模板。

cd　/var/named/chroot/var/named/

cp　-p　localdomain.zone　bitc.edu.cn.zone

2）打开文件，编辑正向区域文件（见图 5-8）：VI　bitc.edu.cn.zone

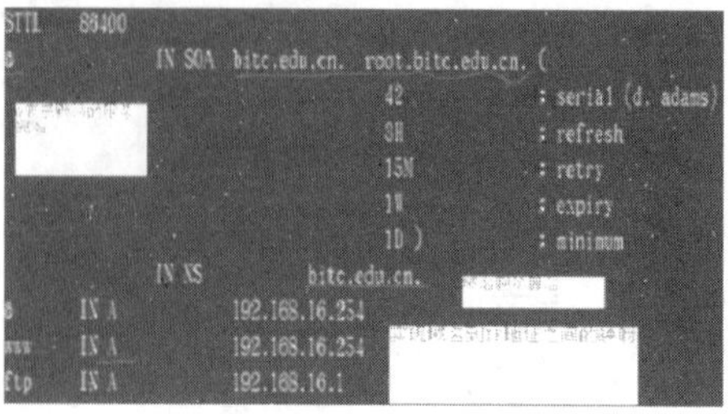

```
$TTL    86400
@               IN SOA  bitc.edu.cn.  root.bitc.edu.cn. (
                                42              ; serial (d. adams)
                                3H              ; refresh
                                15M             ; retry
                                1W              ; expiry
                                1D )            ; minimum
                IN NS           bitc.edu.cn.
@       IN A            192.168.16.254
www     IN A            192.168.16.254
ftp     IN A            192.168.16.1
```

图 5-8　正向区域文件的修改

（3）反向区域文件的修改

1）先复制一个模板。

cd　/var/named/chroot/var/named/

cp　-p　named.local　16.168.192.in-addr.arpa

2）打开文件，编辑正向区域文件（见图 5-9）：VI　16.168.192.in-addr.arpa

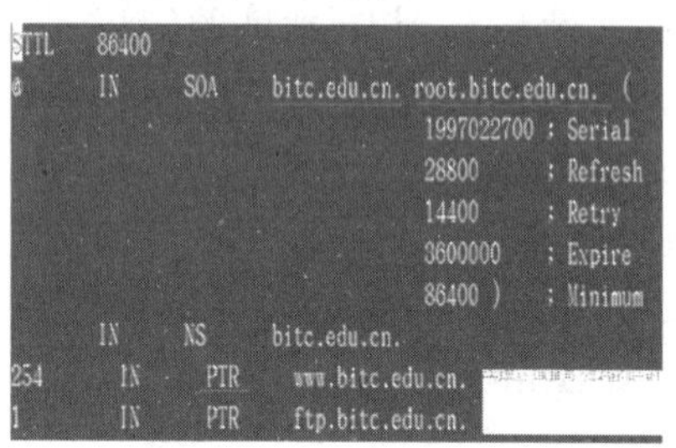

```
$TTL    86400
@       IN      SOA     bitc.edu.cn. root.bitc.edu.cn. (
                                1997022700 ; Serial
                                28800      ; Refresh
                                14400      ; Retry
                                3600000    ; Expire
                                86400 )    ; Minimum
        IN      NS      bitc.edu.cn.
254     IN      PTR     www.bitc.edu.cn.
1       IN      PTR     ftp.bitc.edu.cn.
```

图 5-9　反向区域文件修改

4. DNS 服务器的启动与关闭

DNS 服务器的关闭：service　named stop

DNS 服务器的启动有以下方法：

第一种方法：/etc/init.d/　named　start

第二种方法：service　named　start

5.3　Apache 服务器的配置与应用

1. 学习本节课程需要实现的教学目标

1）学习与 Apache 服务相关的知识。

2）Apache 服务的安装与启动。

3）Apache 服务器的配置与管理。

4）虚拟主机。

5）访问控制。

2. 学生学习本节课程后应该具有的职业能力

1）能熟练掌握 Apache 服务的安装与启动。

2）能熟练配置与管理 Apache 服务器。

5.3.1 Apache 服务器概述

1．Apache 简介

Apache 音译为阿帕奇，是一种开源的 HTTP 服务器软件，可以在包括 UNIX、Linux 以及 Windows 在内的大多数主流计算机操作系统中运行，由于其支持多平台和良好的安全性而被广泛使用。Apache 由 Illinois 大学 Urbana-Champaign 的国家高级计算程序中心开发，它的名字取自 apatchy server 的读音，即充满补丁的服务器，可见在最初的时候该程序并不是非常完善。但由于 Apache 是开源软件，所以得到了开源社区的支持，不断开发出新的功能特性，并修补了原来的缺陷。经过多年来不断的完善，如今的 Apache 已是最流行的 Web 服务器端软件之一。Apache 的特点是简单、速度快、性能稳定，并可作为代理服务器来使用。

2．Apache 特性

1）Apache 具有跨平台性，可以运行在 UNIX、Linux 和 Windows 等多种操作系统上。

2）Apache 凭借其开放源代码的优势发展迅速，可以支持很多功能模块。借助这些功能模块，Apache 具有无限扩展功能的优点。

3）Apache 的工作性能和稳定性远远领先于其他同类产品。

5.3.2 Apache 服务器的配置

1．Apache 服务器的安装

（1）查看软件是否安装　rpm　-q　httpd

（2）安装软件

先挂载光盘：mount　/dev/cdrom　/mnt

安装 apache 软件包：rpm　-ivh　/mnt/Server/ httpd-2.2.3-31.e15

2．建立简单站点

Apache 会建立/var/www 目录，并在其下建立一系列子目录。

（1）Html　默认的网站页面存放位置。

（2）cgi-bin　用来存放可执行程序，包括 CGI 程序、perl 脚本等。

（3）manual　存放 Apache 的手册，内容形式为网页。

（4）error　存放 Apache 服务器的错误提示文件。

（5）icons　存放 Apache 服务器的图标文件。

要建立一个简单的网站，只需要将做好的网页文件复制到/var/www/html 目录下，步骤如下。

1）新建一个网页文件：

cd /var/www/html

VI　index.html

2）输入网页内容，如欢迎光临等。

3．修改服务器的配置文件

配置文件在/etc/httpd 目录中，其中主要的配置文件是：/etc/httpd/conf/httpd.conf。

httpd.conf 文件分为三部分：

（1）全局配置（一般不需要修改）　全局环境配置说明如下。

1）Server Tokens OS：当服务器响应主机头（Header）信息时，显示 Apache 的版本和操作系统名称。

2）ServerRoot　"/etc/httpd"：设置存放服务器的配置、出错和记录文件的根目录。

3）PidFile　run/httpd.pid：指定记录 httpd 守护进程的进程号的 PID 文件。

4）Timeout 120：设置客户程序和服务器连接的超时时间间隔。

5）KeepAlive Off：设置是否允许在同一个连接上传输多个请求，取值为 on 或 off。

6）MaxKeepAliveRequests 100：设置一次连接可以进行的 HTTP 请求的最大次数。

7）KeepAliveTimeout 15：设置一次连接中的多次请求传输之间的时间间隔。

8）Listen 12.34.56.78:80：设置 Apache 服务的监听 IP 和端口。

9）LoadModule 参数值：设置动态加载模块。

10）Include conf.d/*.conf：将由 Serverroot 参数指定的目录中的子目录 conf.d 中的*.conf 文件包含进来，即将/etc/httpd/conf.d 目录中的*.conf 文件包含进来。

（2）主服务器设置（这部分是设置的重点）

1）User apache 和 Group apache：设置运行 Apache 服务器的用户和组。

2）ServerAdmin root@localhost：设置管理 Apache 服务器的管理员的邮件地址。

3）ServerName new.host.name:80：设置服务器的主机名和端口，以标识网站。

4）DocumentRoot"/var/www/html"：设置 Apache 服务器对外发布的网页文档的存放路径。

5）Directory 目录容器：Apache 服务器可以利用 Directory 容器设置对指定目录的访问控制。

6）DirectoryIndex index.html index.html.var：用于设置网站的默认首页的网页文件名。

7）AccessFileName .htaccess：设置访问控制的文件名，默认为隐藏文件.htaccess。

（3）虚拟主机设置　通过配置虚拟主机，可以在单个服务器上运行多个 Web 站点。虚拟主机可以是基于 IP 地址、主机名或端口号的。

1）基于 IP 地址的虚拟主机，需要计算机上配有多个 IP 地址，并为每个 Web 站点分配一个唯一的 IP 地址。

2）基于主机名的虚拟主机，要求拥有多个主机名，并且为每个 Web 站点分配一个主机名。

3）基于端口号的虚拟主机，要求不同的 Web 站点通过不同的端口号监听，这些端口号只要系统不用就可以。

httpd.conf 文件中关于虚拟主机部分的默认配置：

```
NameVirtualHost *:80
<VirtualHost *:80>
ServerAdmin webmaster@dummy-host.example.com
DocumentRoot /www/docs/dummy-host.example.com
ServerName dummy-host.example.com
ErrorLog logs/dummy-host.example.com-error_log
CustomLog logs/dummy-host.example.com-access_log common
</VirtualHost>
```

4. Apache 服务器的启动与关闭

服务的启动有两种方法

第一种方法：/etc/init.d/ httpd start

第二种方法：service httpd start

服务的关闭：service httpd stop

 邮件服务器

1. 学习本节课程需要实现的教学目标

1）邮件服务的工作原理。

2）Sendmail 服务器的配置。

3）POP3 服务器的配置。

4）邮件服务客户端的配置。

2. 学生学习本节课程后应该具有的职业能力

1）能熟练配置 Sendmail 邮件服务器。

2）能熟练配置与管理 POP3 服务器。

3）能熟练完成邮件服务的故障检测与排除。

5.4.1 邮件服务器的工作原理

1. 电子邮件服务概述

电子邮件是当今网络上最流行的服务，也是最重要的服务之一。电子邮件的主要功能是在网络上进行信息的传递和交流，与传统的邮政信件服务类似，电子邮件服务具备快捷、经济的特点。

2. 电子邮件系统的组成

Linux 系统中的电子邮件系统通常包括三个组件：

（1）邮件用户代理（Mail User Agent，MUA） 是电子邮件系统的客户端程序，主要负责邮件的发送、接收以及邮件的撰写、阅读等工作。

目前主流的邮件用户代理软件有 Outlook、Foxmail、mail、pine、Evolution 等。

（2）邮件传送代理（Mail Transfer Agent，MTA） 是电子邮件系统的服务器端程序，主要负责邮件的存储和转发。

目前主流的邮件用户代理软件有 Exchange、sendmail、qmail 和 postfix 等。

（3）邮件投递代理（Mail Dilivery Agent，MDA） MDA 有时也称为本地投递代理（Local Dilivery Agent，LDA）。MTA 把邮件投递到邮件接收者所在的邮件服务器，MDA 则负责把邮件按照接收者的用户名投递到邮箱中。

3．电子邮件相关协议

（1）SMTP（Simple Mail Transfer Protocol） 是一种 TCP 支持的，提供可靠且有效电子邮件传输的应用层协议。该协议默认在 TCP 25 端口上工作。

（2）POP3（Post Office Protocol 3） 即邮局协议第 3 版，负责把用户的电子邮件信息从邮件服务器传递到用户的计算机上。该协议默认工作在 TCP 110 端口上。

（3）IMAP4（Internet Message Access Protocol 4） 即 Internet 信息访问协议的第 4 个版本，能够在线阅读邮件信息而不将邮件下载到本地。该协议默认工作在 TCP 143 端口上。

4．电子邮件地址与组成

（1）电子邮件地址格式 user@server.com

（2）电子邮件的两个组成部分

1）头部（Head）。包括发送方、接收方、发送日期、邮件主题等。

2）正文（Body）。要发送的消息内容。

5．电子邮件传输过程

邮件发送的基本过程如图 5-10 所示。

1）邮件用户在客户机使用 MUA 撰写邮件，并将写好的邮件提交给本地 MTA 上的缓冲区。

2）MTA 每隔一定时间发送一次缓冲区中的邮件队列。MTA 根据邮件的接收者地址，使用 DNS 服务器的 MX（邮件交换器资源记录）解析邮件地址的域名部分，从而决定将邮件投递到哪一个目标主机。

3）目标主机上的 MTA 收到邮件以后，根据邮件地址中的用户名部分判断用户的邮箱，并使用 MDA 将邮件投递到该用户的邮箱中。

4）该邮件的接收者可以使用常用的 MUA 软件登录邮箱，查阅新邮件，并根据自己的需要进行相应的处理。

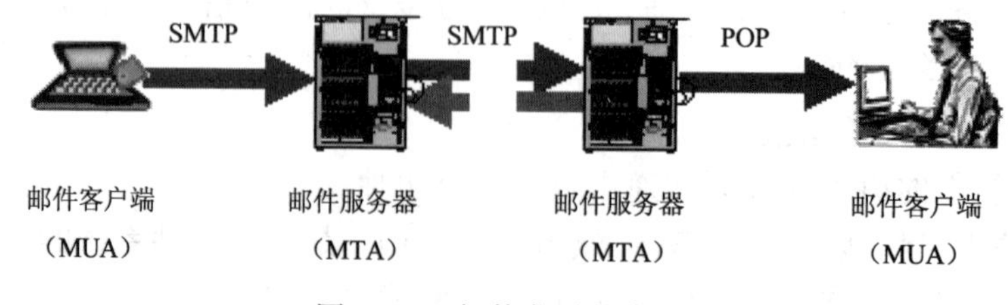

图 5-10 邮件发送基本过程

5.4.2 Sendmail 服务器的安装配置

1．Sendmail 服务相关的软件及配置文件介绍

（1）Sendmail 服务器所涉及的软件　主要有以下三种 RPM 包。

1）sendmail-8.9.3-10.i386.rpm：Sendmail 服务端软件。

2）sendmail-cf-8.9.3-10.i386.rpm：与 Sendmail 相关的服务器端配置文件和程序。

3）sendmail-doc-8.9.3-10.i386.rpm：Sendmail 服务器端的文档。

4）m4-1.4.1-16.i386.rpm：GNU 宏处理器，Sendmail 服务使用该程序转换宏文件。

（2）Sendmail 服务的主要配置文件

1）/etc/mail/sendmail.cf：Sendmail 的主配置文件 sendmail.cf 控制着 Sendmail 的所有行为，但使用了大量的宏代码进行配置。通常利用宏文件 sendmail.mc 生成 sendmail.cf。

2）/etc/mail/sendmail.mc：Sendmail 提供 Sendmail 文件模板，通过编辑此文件后再使用 m4 工具将结果导入 sendmail.cf 完成配置 Sendmail 核心配置文件，降低配置复杂度。

3）/etc/mail/local-host-names：用于设置服务器所负责投递的域。

4）/etc/mail/access.db：数据库文件，用于实现中继代理。

5）/etc/aliases：用于定义 Sendmail 邮箱别名。

6）/etc/mail/virtusertable.db：用于定义虚拟用户和域的数据库文件。

（3）Sendmail 服务的启动与停止

1）服务的启动：service　sendmail　start

2）服务的停止：service　sendmail　stop

2．Sendmail 服务器的配置

（1）软件的安装　先挂载光盘：mount　/dev/cdrom　/mnt

软件的安装过程如下：

1）rpm　-ivh　/mnt/Server/sendmail-8.9.3-10.i386.rpm；

2）rpm　-ivh　/mnt/Server/sendmail-cf-8.9.3-10.i386.rpm；

3）rpm　-ivh　/mnt/Server/sendmail-doc-8.9.3-10.i386.rpm；

4）rpm　-ivh　/mnt/Server/m4-1.4.1-16.i386.rpm

5）安装 dovecot 软件包。因为此软件的安装依赖于两个文件：

per-DBI-1.52-1.fc6.i386.rpm

mysql-5.0.22-2.1.0.1.i386.rpm

所以先要安装这两个软件，然后再安装 dovecot-1.0-1.2.rc15.c15.i386.rpm 软件。安装过程如下：

① rpm　-ivh　/mnt/Server/ per-DBI-1.52-1.fc6.i386.rpm

② rpm　-ivh　/mnt/Server/mysql-5.0.22-2.1.0.1.i386.rpm

③ rpm　-ivh　/mnt/Server/dovecot-1.0-1.2.rc15.c15.i386.rpm

（2）修改/etc/mail/sendmail.mc 文件　使得 Sendmail 可以在正确的网络端口监听服务请求。找到行：

DAEMON_OPTIONS（'Port=smtp,Addr=127.0.0.1, Name=MTA'）dnl

修改为：

DAEMON_OPTIONS（'Port=smtp,Addr=0.0.0.0　Name=MTA'）dnl

0.0.0.0 表示所有人都可以使用本邮件服务器。

（3）利用 m4 宏编译工具将 sendmail.mc 文件编译生成新的 sendmail.cf 文件

m4　/etc/mail/sendmail.mc > /etc/mail/sendmail.cf

（4）修改/etc/mail/local-host-names 文件，设置本地邮件服务器所投递的域

打开文件：VI　/etc/mail/local-host-names

添加行：bitc.edu.cn

（5）利用 useradd 命令添加 user1 和 user 账号，并设置账号密码

1）useradd user1

2）useradd user

3）passwd user1

4）passwd user

（6）修改 DNS 服务器的 MX 资源记录

1）在 DNS 服务器的正向区域文件中添加 MX 资源记录，如图 5-11 所示添加末两行：

VI　/var/named/chroot/var/named/bitc.edu.cn.zone

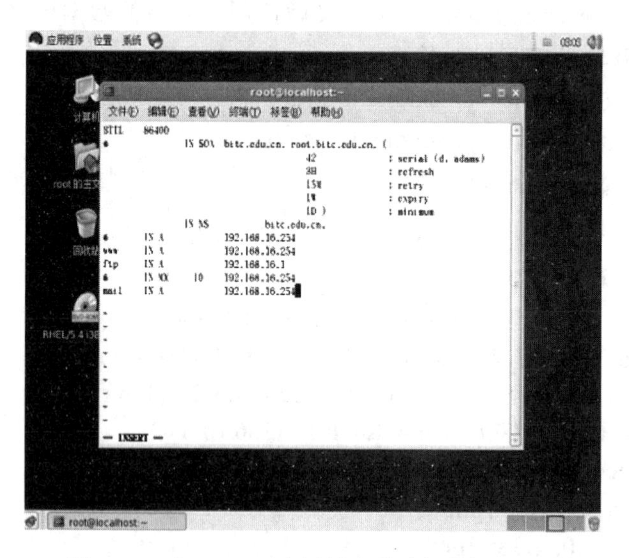

图 5-11　在 DNS 正向区域文件中添加 MX 记录

2）在 DNS 服务器的反向区域文件中添加 MX 资源记录，如图 5-12 所示添加末两行：

VI　/var/named/chroot/var/named/16.168.192.in-addr.arpa

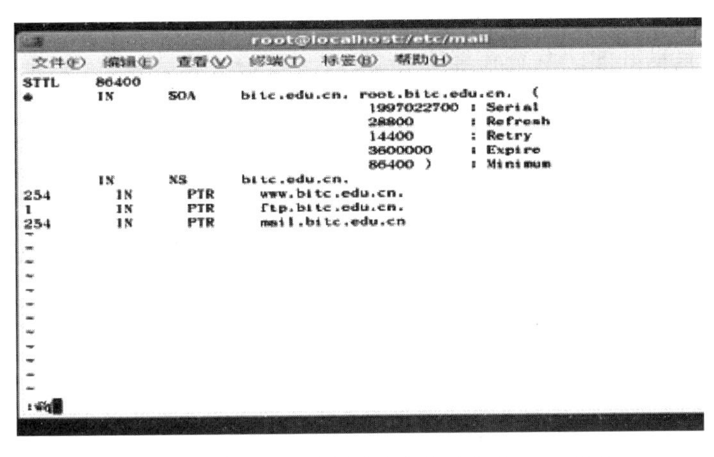

图 5-12 在 DNS 反向区域文件中添加 MX 记录

（7）使用 shadow 的用户名和命名进行验证

saslauthd -a shadow

否则发送邮件时会出现“smtp 认证失败”。

（8）启动 Sendmail 服务和 Dovecot 服务

service sendmail start

service dovecot start

3. Sendmail 邮件服务器的测试

方法一：在客户端 Windows XP 上安装 Foxmail 软件配置，Foxmail 使客户端实现邮件的收发。

方法二：利用 Telnet 命令实现邮件的收发。

1）发送邮件：Telnet 192.168.16.254 25

2）接收邮件：Telnet 192.168.16.254 110

5.5 Samba 服务器

1. 学习本节课程需要实现的教学目标

1）掌握 Samba 服务器的基本概念与原理。

2）掌握 Samba 服务器的配置方法。

3）掌握 Samba 服务器的命令管理。

4）掌握使用 Samba 服务器进行资源共享。

5）掌握使用 Windows 和 Linux 进行共享资源的访问。

2. 学生学习本节课程后应该具有的职业能力

1）能够进行 Samba 服务器的架设。

2）能够熟练掌握 Samba 服务器的管理。

3）能够熟练使用 Windows 和 Linux 进行共享资源的访问。

4）能够具有良好的团队合作能力。

5.5.1 Samba服务器的工作原理

1．SMB 协议

SMB（Server Message Block）协议是用来在微软公司的 Windows 操作系统之间共享文件和打印机的一种协议。Samba 使用 SMB 协议在 Linux 和 Windows 之间共享文件和打印机。

2．SMB 功能

利用 Samba 可以实现如下功能：

1）把 Linux 系统中的文件共享给 Windows 系统。

2）在 Linux 系统中访问 Windows 系统的共享文件。

3）把 Linux 系统中安装的打印机共享给 Windows 系统使用。

4）在 Linux 系统中访问 Windows 系统的共享打印机。

3．Samba 软件

Samba 是用来实现 SMB 协议的一种软件，由澳大利亚的 Andew Tridgell 开发，是一套让 UNIX 系统能够应用 Microsoft 网络通信协议的软件。

4．Samba 的功能

Samba 的主要功能如下：

1）提供 Windows 风格的文件和打印机共享。

2）解析 NetBIOS 名字。

3）提供 SMB 客户功能。

4）提供一个命令行工具，利用该工具可以有限制地支持 Windows 的某些管理功能。

5）支持 SWAT（Samba Web Administration Tool）和 SSL（Secure Socket Layer）。

5.5.2 Samba服务器的安装与配置

1．Samba 的安装

（1）Samba 服务软件　samba-3.0.33-3.14.e15.i386.rpm

（2）Samba 客户端软件　samba-client-3.0.33-3.14.e15.i386.rpm

（3）Samba 服务器和客户端均需要的文件　samba-common-3.0.33-3.14.e15.i386.rpm

以上软件的安装有依赖性问题，所以需要以下命令。

1）挂载光盘：mount　/dev/cdrom　　/mnt

2）设置 yum 所安装软件包的路径：VI　/etc/yum.repos.d/rhel-debuginfo.repo

该命令打开的文件修改如图 5-13 所示。

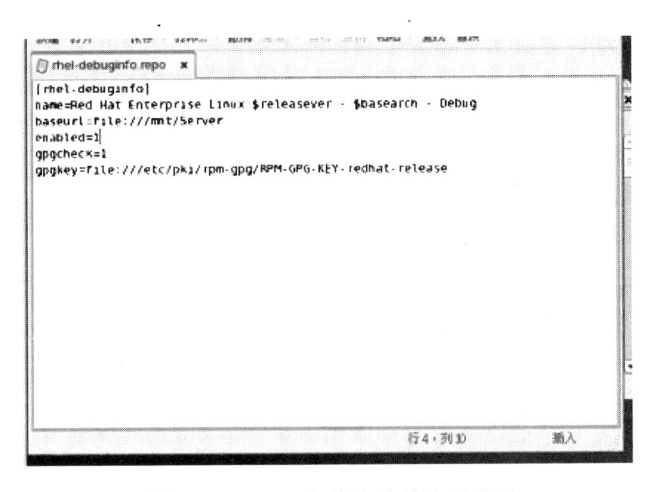

图 5-13 yum 安装软件的路径设置

3）利用 yum 安装软件包：yum install samba-*

如果需要通过图形界面配置 SMB，则需要使用命令安装图形界面软件包：

yum install system-config-samba-1.2.41-5.e15.noarch.rpm

2．服务的启动与停止

（1）启动 service smb start

（2）停止 service smb stop

（3）重启 service smb restart

3．Samba 服务的配置文件

（1）主配置文件/etc/samba/smb.conf smb.conf 文件默认存放在/etc/samba 目录中。Samba 服务在启动时会读取 smb.conf 文件中的内容，以决定如何启动、提供服务以及相应的权限设置、共享目录、打印机和机器所属的工作组等各项细致的选项。

smb.conf 文件分为全局配置（Global Settings）和共享定义（Share Definitions）两个大的部分。

1）全局配置部分定义的参数用于定义整个 Samba 服务器的总体特性。

全局配置：

workgroup = WORKGROUP：设置 Samba 服务器所属的工作组或域名。

server string = Samba Server：指定 Samba 服务器的说明信息。

hosts allow = 192.168.1. 192.168.2. 127.：设置可以访问 Samba 服务器的主机、子网或域。

printcap name = /etc/printcap：设置加载的打印服务配置文件。

load printers = yes：设置是否允许加载打印配置文件中的所有打印机。

printing = cups：定义打印系统。

guest account = pcguest：设置默认的匿名账号。

log file = /var/log/samba/%m.log：指定日志文件的存放位置。

max log size = 50：指定日志文件的最大存储容量。

security = user：设置 Samba 服务器的安全级别，取值按照安全性由低到高为 share、

user、server 和 domain。

① share。共享级别，用户不需要账户及密码即可访问 Samba 服务器的共享资源。

② user。用户只有通过了 Samba 服务器的身份验证之后才能访问服务资源（是 Samba 服务器的默认安全级别）。

③ server。和 user 安全级别类似，但是检查账户和密码的工作指定由另一台服务器完成。

④ domain。Samba 服务器加入到 Windows 域后，Samba 服务的用户验证信息交由域控制器负责，则使用该安全级别。同时也需要设置身份验证服务器。

2）共享定义部分用于定义文件及打印共享。在共享定义部分又分为很多个小节，每个小节定义一个共享文件或共享打印服务。

共享定义：

```
[public]
path = /usr/somewhere/else/public    //设置共享目录的位置
public = yes                         //设置是否允许 guest 用户访问
only guest = yes                     //设置是否只允许 guest 用户访问
writable = yes                       //设置是否可以写入
printable = no                       //设置是否可以打印
```

在 smb.conf 文件的共享定义部分除了上面的内容之外，还有其他的很多用户自定义的节。除了 homes 节之外，在 Windows 客户端看到的 Samba 共享名称即为节的名称。常见的用于定义共享资源的参数见表 5-5。

表 5-5 smb.conf 文件中常用的共享资源参数

参　数	说　明	举　例
comment	设置对共享资源的描述信息	comment=rnlx's share
path	设置共享资源的路径	path=fshare
writeable	设置共享路径是否可以写入	writeable=yes
browseable	设置共享路径是否可以浏览	browseable=no
available	设置共享资源是否可用	available=no
read only	设置共享路径是否为只读	read only=yes
public	设置是否允许 guest 账户访问	public=yes
guest account	设置匿名访问账号	guest account=nobady
guest ok	设置是否允许 guest 账号访问	guest ok=no
guest only	设置是否只允许 guest 账号访问	guest only=no
read list	设置只读访问用户列表	read list=userl,@jw
write list	设置读写访问用户列表	wirte list= userl,@jw
valid users	设置允许访问共享资源的用户列表	valid users= userl,@jw
invabid users	设置不允许访问共享资源的用户列表	invabid users= userl,@jw

（2）密码文件/etc/samba/smbpasswd　Samba 服务的密码文件是/etc/samba/ smbpasswd。该文件中存储的密码是加密的，无法用 VI 编辑器进行编辑。默认情况下该文件并不存在，可以使用以下两种方法创建：

1）使用 smbpasswd 命令添加单个的 Samba 账户。

2）使用 mksmbpasswd.sh 脚本成批添加 Samba 账户。

使用 smbpasswd 命令添加单个的 Samba 账户，smbpasswd 命令的格式为：

smbpasswd　[参数选项] 账户名称

常见参数选项有：

-a：向 smbpasswd 文件中添加账户，该账户必须存在于/etc/passwd 文件中。

-x：从 smbpasswd 文件中删除账户。

-d：禁用某个 Samba 账户，但并不将其删除。

-e：恢复某个被禁用的 Samba 账户。

-n：该选项将账户的口令设置为空。

-r remote-machine-name：该选项允许用户指定远程主机。

-U username：和“-r”连用，指定欲修改口令的账户。

在使用 smbpasswd 命令添加 Samba 账户时，该系统账户必须存在，如果不存在，可以使用 useradd 命令添加。

（3）用户映射文件/etc/samba/smbusers　用户映射通常是在 Windows 和 Linux 主机之间进行。两个系统拥有不同的用户账号，用户映射就是将不同的用户映射成为一个用户。做了映射之后的 Windows 账号，在使用 Samba 服务器中的共享资源时，就可以直接使用 Windows 账号进行访问了。

默认情况下，/etc/samba/smbusers 文件为指定的映射文件。该文件每一行的格式如下：

Linux 账户=要映射的 Windows 账户列表

注意： Windows 中的各用户之间用空格分隔。

（4）存放在/var/log/samba/目录下的日志文件　Samba 服务的日志默认存放在/var/log/samba 中，Samba 服务为所有连接到 Samba 服务器的计算机建立单独的日志文件，同时也将 NMB 服务和 SMB 服务的运行日志分别写入 nmbd.log 和 smbd.log 日志文件中。管理员可以根据这些日志文件查看用户的访问情况和服务的运行。

4．Smaba 文件共享的设置

（1）准备工作

1）建立共享目录。

2）创建用户并设置密码。

（2）创建共享　修改 Samba 配置文件，包括用户验证方式设置和用户可读可写设置。命令：

VI　/etc/samba/smb.conf

打开配置文件后，设置项有以下内容。

1）用户验证方式设置：security = user 或 share。

2）添加共享路径：path =“共享路径的名称”。

3）设置共享目录只读或不可读属性：read only = yes 或 no。

4）设置共享目录可写或不可写属性：writeable = yes 或 no。

5）设置有可写权限的用户：write list = 用户名。

（3）添加 Samba 用户　smbpasswd　- a　用户名

（4）启动 SMB 服务　service　smb　start

（5）以用户验证方式登录共享资源　通过 Windows XP 客户端系统访问 Linux 共享资源。

1）单击“开始”→“运行”→\\Linux 系统的 IP 地址。

2）用户验证：用户名，密码。

3）验证此用户对共享资源的访问权限。

实训项目八　FTP 服务器的配置与应用

1．项目需求

公司技术部准备搭建一台功能简单的FTP服务器，允许所有员工上传和下载文件，并允许创建用户自己的目录。

2．项目分析

允许所有员工上传和下载文件，需要设置成允许匿名用户登录，并且需要将允许匿名用户上传功能开启，最后 anon_mkdir_write_enable 字段可以控制是否允许匿名用户创建目录。

3．项目实现步骤

（1）软件的安装（见图 5-14）　需要如图 5-14 所示的三个步骤完成安装。

1）先挂载光盘。

2）然后通过修改 yum 设置欲安装软件的路径解决软件依赖问题。

3）最后利用 yum 完成安装。

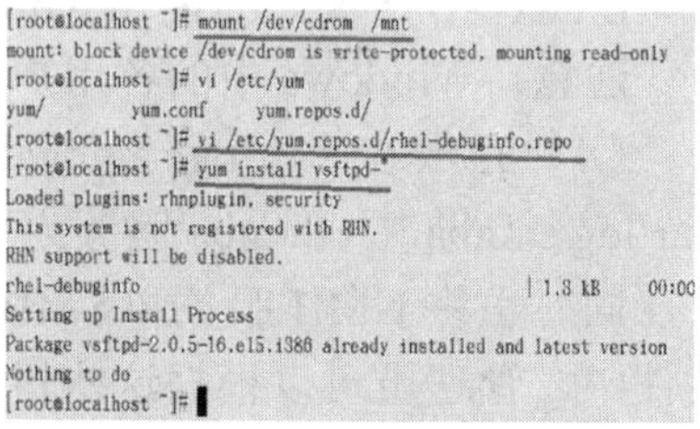

```
[root@localhost ~]# mount /dev/cdrom  /mnt
mount: block device /dev/cdrom is write-protected, mounting read-only
[root@localhost ~]# vi /etc/yum
yum/         yum.conf      yum.repos.d/
[root@localhost ~]# vi /etc/yum.repos.d/rhel-debuginfo.repo
[root@localhost ~]# yum install vsftpd-*
Loaded plugins: rhnplugin, security
This system is not registered with RHN.
RHN support will be disabled.
rhel-debuginfo                                   | 1.3 kB     00:00
Setting up Install Process
Package vsftpd-2.0.5-16.el5.i386 already installed and latest version
Nothing to do
[root@localhost ~]#
```

图 5-14　vsftpd 软件的安装

（2）启动服务　service　vsftpd　start

（3）使用 VI　/etc/vsftpd/vsftpd.conf 打开配置文件，对配置文件进行修改

anonymous_enable=YES　　　　//允许匿名用户访问

（4）使用 VI　/etc/vsftpd.user_list 添加以下两行

user1

user2

（5）设置匿名用户权限

anon_upload_enable=YES

anon_mkdir_write_enable=YES

（6）重新启动 vsftpd 服务

service　vsftpd　restart

实训项目九　DNS 服务器的配置与应用

1. 项目需求

如果你是某公司的网络管理员，现公司申请了域名 jianghua.com。公司的 DNS 服务器地址为：202.119.98.1，域名为：dns.jinghua.com；Web 服务器地址为：202.119.98.10，域名为：www.jinghua.com；FTP服务器地址为：202.119.98.100，域名为：ftp.jinghua.com。试为该公司安装一台 DNS 服务器。

2. 项目分析

因为没有特殊要求，这是最简单的 DNS 服务器，只需要设置本地区域，并且能够起到缓存作用即可，而且内部通过此服务器也能解析外部的 DNS 地址。

3. 项目实现步骤

（1）获得并安装 DNS 服务器软件

（2）修改配置文件，即 VI /etc/named.conf

1）定义正解区域，在 named.conf 文件内插入以下内容：

```
Zone "jinghua.com"{
Type master;
      File "dns,jinhua.com";
      };
```

2）定义反解区域，在 named.conf 文件内插入以下内容：

```
Zone "98.119.202 in addr.arpa"{
Type master;
File "202.119.98";
};
```

（3）使用/etc/hosts 文件解析服务器域名　在/etc/hosts 文件内插入以下内容：

202.119.98.1 ns ns.jinghua.com

（4）创建 DNS 数据库文件

1）创建正向解析数据库文件/var/named/dns.jinghua.com，其内容以下：

```
$TTL86400
IN SOA ns.jinghua.com root.ns.jinghua.com{
199802151:serial
28800:refresh
14400:retry
3600000:expire
```

86400:minimum.seconds
NS ns.jingua.com
Ns A 202.119.98.1
WWW A 202.119.98.10
ftp A 202.110.98.100
…
…
2）创建反向解析数据库文件/var/named/202.119.98，其内容如下：
$TTL86400
IN SOA ns.jinghua.com root.ns.jinghua.com(
199802151:serial
28800:refresh
14400:retry
3600000:expire
86400:minimum.seconds
NS ns.jingua.com
1 IN PTR ns.jinghua.com
10 IN PTR www.jinghua.com
100 IN PTR ftp.jinghua.com
…
…
（5）启动 DNS 服务 /etc/rc.d/init.d/named start.
（6）测试 DNS 服务器
1）设置/etc/resolv.conf.，即将某台客户机的 DNS 设置为 202.119.98.1（或者将 DNS 服务器设置为 202.119.98.1，此时服务器也当作客户机）：
Nameserver 202.119.98.1
2）执行 dig –x 202.119.98.1 命令，测试服务器是否正常运行。
3）执行 nslookup www.jinghua.com命令，解析内部域名地址。
4）执行 dig.jinghua.com.axfr 命令，查看 jinghua.com 域的全部记录。
5）执行 nslogkup www.goole.com命令，解析外部域名。
到此为止，服务器已经安装完成并且能够正常运行。

实训项目十 Samba 服务器的配置与应用

1. 项目需求

公司使用 Samba 搭建文件服务器，需要建立公共共享目录，允许所有人访问，权限为只读。同时为销售部和技术部分别建立单独的目录，只允许总经理和相应部门员工访问，并且公司员工无法在网络邻居查看到非本部门的共享目录。

2. 项目分析

主管：总经理 master。

销售部：销售部经理 mike，员工 sky，员工 jane。

技术部：技术部经理 tom，员工 sunny，员工 bill。

建立公共的共享目录，使用 public 字段很容易实现匿名访问。但是，公司要求只允许本部门访问自己的目录，其他部门的目录不可见。这需要设置目录共享字段“browsable=no”，以实现隐藏功能。但是这样设置，所有用户都无法查看该共享。此时需要考虑建立独立配置文件，以满足不同员工的访问需求。可以为每个部门建立一个组，并为每个组建立配置文件，实现隔离用户的目标。

3. 项目实现步骤

（1）建立各部门专用目录

```
#mkdir /share
#mkdir /sales
#mkdir /tech
```

（2）添加用户和组　先建立销售组 sales，技术组 tech，然后使用 useradd 命令添加经理账号 master，并将员工账号加入到不同的用户组。

```
[root@localhost ~]#groupadd sales
[root@localhost ~]#groupadd tech
[root@localhost ~]#useradd master
[root@localhost ~]#useradd –g sales mike
[root@localhost ~]#useradd –g sales sky
[root@localhost ~]#useradd –g sales jane
[root@localhost ~]#useradd –g sales tom
[root@localhost ~]#useradd –g sales sunny
[root@localhost ~]#useradd –g tech bill
```

然后使用 smbpasswd 命令添加 Samba 用户，具体操作参照 4.3.2 节相关内容。

再配置 smb.conf 文件。

1）建立配置文件。用户配置文件使用用户名命名，组配置文件使用组名命名。

```
[root@localhost ~]#cp smb.conf master.smb.conf
[root@localhost ~]#cp smb.conf sales.smb.conf
[root@localhost ~]#cp smb.conf tech.smb.conf
```

2）设置组配置文件 smb.conf。首先使用 VI 编辑器打开 smb.conf：

```
[root@localhost ~]#VI smb.conf
```

编辑组配置文件，添加相应字段，确保 Samba 服务器回调用独立的用户配置文件以及组配置文件。

```
[global]
Workgroup= WORKGROUP
Server string=file server
Sercurity=user
```

```
Include=/etc/samba/%.u.smb.conf
Include=/etc/samba/%.g.smb.conf
[public]
Comment = public
Path=/share
Public=Yes
```

①使 Samba 服务器加载/etc/samba 目录下，格式为“用户名.smb.conf”的配置文件。

②保证 Samba 服务器加载格式为“组名.smb.conf”的配置文件。

3）设置总经理 master 配置文件。

使用 VI 编辑器修改 master 账号配置文件 maser.smb.conf：

```
    [global]
        Workgroup=WORKGROUP
        Server string=file server
        Security=user
[public]
Comment=public
Path=./Share
Public=yes
[sales]
Comment=sales
Path=/sales
Valid users=master
[tech]
Comment=tech
Path=/tech
Valid users=master
```

① 添加共享目录 sales，指定 samba 服务器存放路径，并添加 valid users 字段，设置访问用户为 master 账号。

② 为了使 master 账号访问技术部的目录 tech，还需要添加 tech 目录共享，并设置 valid users 字段，允许 master 访问。

4）设置销售组 sales 配置文件。

编辑配置文件 sales.smb.conf，注意 global 全局配置以及共享目录 public 的设置，保持和 master 一样，因为销售组仅允许访问 sales 目录，所以只添加 sales 共享目录设置即可。如下所示：

```
    [sales]
    Comment = sales
    Path=/sales
    Valid users=@sakes.master
```

5）设置技术组 tech 的配置文件。编辑 tech.smf.conf 文件，全局配置和 public 配

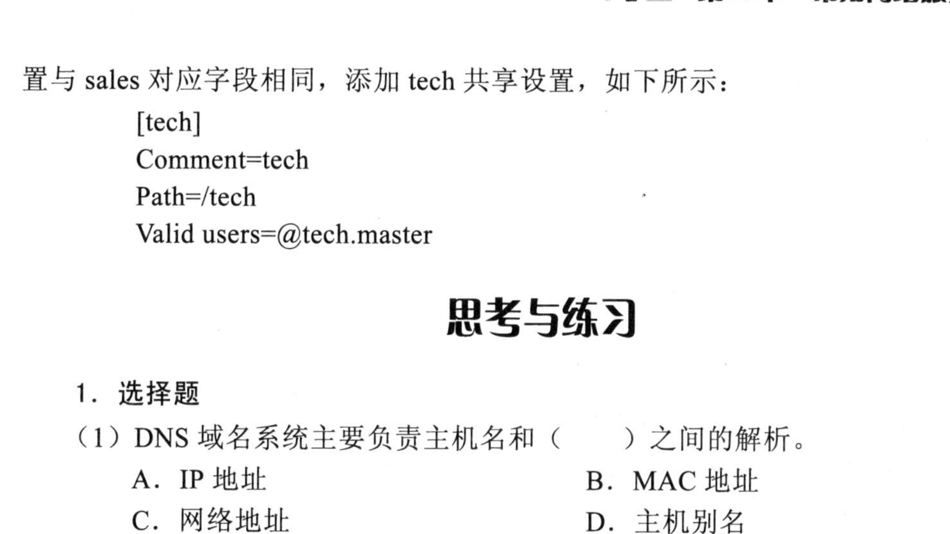

置与 sales 对应字段相同，添加 tech 共享设置，如下所示：

```
[tech]
Comment=tech
Path=/tech
Valid users=@tech.master
```

思考与练习

1. 选择题

（1）DNS 域名系统主要负责主机名和（　　）之间的解析。

A. IP 地址　　B. MAC 地址
C. 网络地址　　D. 主机别名

（2）WWW 服务器在 Internet 上使用最为广泛，它采用的是（　　）结构。

A. 服务器/工作站　　B. B/S
C. 集中式　　D. 分布式

（3）在 TCP/IP 模型中，应用层包含了所有的高层协议，在下列的一些应用协议中，（　　）能够实现本地主机与远程主机之间的文件传输工作。

A. Telnet　　B. FTP　　C. SNMP　　D. NFS

（4）若 Linux 用户需要将 FTP 默认的 21 号端口修改为 8800，可以修改（　　）配置文件。

A. /etc/vsftpd/userconf　　B. /etc/vsftpd/vsftpd.conf
C. /etc/resolv.conf　　D. /etc/hosts

（5）Apache 服务器是（　　）。

A. DNS 服务器　　B. Web 服务器
C. FTP 服务器　　D. Sendmail 服务器

2. 填空题

（1）在 Linux 系统中，测试 DNS 服务器是否能够正确解析域名的客户端命令，使用命令________________。

（2）如果只是要修改系统的 IP 地址，应修改________________配置文件。

（3）当 LAN 内没有条件建立 DNS 服务器，但又想让局域网内的用户可以使用计算机名互相访问时，应配置________________文件。

（4）在使用手工方法配置网络时，可通过修改________________文件来改变主机名，若要配置该计算机的域名解析客户端，需配置________________文件。

（5）test.bns.com.cn 的域名是________________，如果要配置一台域名服务器，应在________________文件中定义 DNS 数据库的工作目录。

（6）Sendmail 邮件系统使用的两个主要协议是________和________，前者用来发送邮件，后者用来接收邮件。

（7）DHCP 是动态主机配置协议的简称，其作用是________________。

（8）确定系统是否安装了 Apache 服务器的命令是________________。

3．简答题

（1）简述使用 FTP 进行文件传输时的两种登录方式。它们的区别是什么？常用的 FTP 文件传输命令是什么？

（2）简述 DNS 进行域名正向解析的过程。

（3）如何启动、终止、重新启动和查看 WWW 服务是否运行？

（4）FTP 的使用者分为哪几类？

（5）DNS 服务中主要的配置文件有哪些？

（6）请描述 DHSP 服务的地址分配过程。

（7）在 Samba 配置文件中加入一个共享文件夹的设置，要求修改 public 段（一个共享的目录，普通的访问者只读，属于 std 的用户可以读/写）：

```
;   comment=Public Stuff
;   path=/home/samba
;   public=yes
;   writable=yes
;   printable=no
;   write list=@std
```

（8）某学校内部既存在 Windows 操作系统，又存在 Linux 操作系统，为了方便资源共享，需建立一台 Samba 服务器，其地址为 192.168.0.1；需建立 stu、teach 两个用户，同时设置其密码，怎样建立？

系统安全

随着计算机技术的发展和网络的普及，计算机和网络的安全问题变得越来越重要。一般情况下，用户会选择设置保护密码、监控日志文件和创建防火墙的方法，来防范来自网络攻击者的入侵。本章主要介绍有哪些可能存在的危险，以及如何对这些危险进行防范和阻止，从而保护系统的安全。

本章主要知识点：

1）了解 Linux 系统安全所包含的内容。

2）掌握文件系统安全的设置。

3）掌握口令的设置原则。

4）掌握日志文件的用法。

本章主要技能点：

1）熟练使用命令设置 Linux 系统的用户口令。

2）能够使用日志文件查看系统的运行情况。

3）能够进行防火墙的相关设置。

6.1 系统安全概述

Internet 中任何一台计算机都是网络黑客试图攻击的对象，安全问题显得尤为重要。特别是对于企业和教育单位的网络服务器而言，地址和服务项目的公开使得黑客的攻击有了目标和可能利用的漏洞。例如，对于未作防范的计算机，只需要简单地通过 Telnet 就可以知道其正在使用的 Linux 版本号。就像这样：

Red Hat Linux release 5.2 (Appolo)

Kernel 2.0.36 on an i686

Login：

黑客可以利用版本的漏洞有针对性地发起攻击。特别是有些低版本的 Linux，其安全性漏洞已经广为流传，黑客可以很容易地侵入。而网络服务器往往储存了大量的重要信息，或向大量用户提供重要服务，一旦遭到破坏，后果不堪设想。所以，网站建设者更需要认真对待有关安全方面的问题，以保证服务器的安全。

6.1.1 安全防护的主要内容

对于网站管理人员而言，日常性的服务器安全保护主要包括四方面内容。

1. 文件存取合法性

任何黑客入侵行为的目的都是非法存取文件，这些文件包括重要数据信息、主页页面 HTML 文件等。这是计算机安全最重要的问题，一般来说，未被授权使用的用户进入系统，都是为了获取正当途径无法取得的资料或者进行破坏活动。良好的口令管理，登录活动记录和报告，用户和网络活动的周期检查都是防止未授权存取的关键。

2. 用户密码和用户文件安全性

这也是计算机安全的一个重要问题，具体操作上就是防止已授权或未授权的用户相互存取相互的重要信息。文件系统查账、su 登录和报告、用户意识、加密都是防止泄密的关键。

3. 防止用户拒绝系统的管理

这一方面的安全应由操作系统来完成。操作系统应该有能力应付任何试图或可能对它产生破坏的用户操作，比较典型的例子是一个系统不应被一个有意使用过多资源的用户损害（如导致系统崩溃）。

4. 防止丢失系统的完整性

这一方面与一个好的系统管理员的实际工作（如定期地备份文件系统；系统崩

溃后运行 fsck 检查、修复文件系统；当有新用户时，检测该用户是否可能使系统崩溃的软件等）有关，同时也和保持一个可靠的操作系统有关（即用户不能经常性地使系统崩溃）。

6.1.2 Linux 系统的文件安全

Linux 的文件系统是由文件和目录构成的树形结构，每个文件目录记录包括下面内容（域）：

1）文件名。

2）文件类型。

3）文件大小。

4）文件创建修改时间。

5）文件所有者和所有组。

6）文件相关权限。

任何一项内容遭受未授权的修改，文件安全性都将遭到破坏。保护文件系统的安全性，应该从以下几个方面入手。

1. 文件相关权限的设置

Linux 的文件权限决定了用户对该文件的操作能力和操作允许范围。下面这一段是某个 Linux 用户目录的文件列表（ls -1）。注意，其中第一栏表示了文件权限：

```
drwxrwxr-x 3 bluo bluo 1024      Apr 7 17:07 php/
-rw-rw-r--  1 bluo bluo 1857165  Apr 8 12:37 php-3.0.12.tar.gz
```

文件权限通过设置文件权限标志位实现。标志位由十位构成。第一位是文件类型，一般文件该位为“-”，目录该位为“d”。余下的九位三位一组，第二～四位依次为文件所有者对此文件的可读、可写、可执行权利标志位；第五～七位分别为与该用户同组的用户对此文件的可读、可写、可执行的权利标志位；第八～十位分别为其他用户对此文件的可读、可写、可执行的权利标志位。

当一些关键的系统文件的属性被错误设置时，就会导致不可挽回的破坏。对文件属性一定要非常小心，否则可能导致致命的安全漏洞。

2. SUID 和 SGID 程序

与文件有关的还有两个附加权限位：SUID 和 SGID。SUID 是 SetUserID （设置用户标志）的缩写，SGID 是 SetGroupID （设置组标志）的缩写。带有这种权限的程序运行时，就会带来很大的安全性漏洞。因为当运行一个 SUID 程序时，它的有效 UID 被设置为拥有该程序的用户 ID，而不管实际上是哪个用户在运行，SGID 与此类似。所以，虽然 SUID 程序是必需的，但应该尽量减少使用机会，并且要尽最大努力保证此程序安全。作为管理员还应该经常使用 find 命令来浏览自己的文件系统，以检查新的 SUID 程序，详细语法请参考有关文件权限章节中的相关内容。

6.1.3 口令安全

口令是操作系统最根本的安全工具，因此，目前大多数攻击都是由截获口令或猜测口令等口令攻击开始的。在设置口令时，人们一般会选择一个对于自己容易记忆的口令，这也意味着这个口令是容易破解的。在任何多用户的操作系统中，攻击者一般可以猜到其中的一个用户的口令。因此，为了保护好自己的操作系统，人们需要选择一些好的口令。

选择口令时应尽量避免以下一些情况：

1）不要使用登录名和全名的任何变形，即使使用各种情况的变形，添加或预设数字和标点，或者倒序输入，这些都是容易猜到的口令。

2）不要使用字典单词，即使添加了数字或标点。

3）不要使用任何真正的名称。

4）不要使用任何在键盘上的连续的字母或数字行。

1. 安全口令

选择一个安全、强壮的口令，一种好方法是从一个容易记住的句子中取每个单词的首字母，可以添加数字、标点和各种变形形式，使口令更加安全。选择的句子应只对自己有意义，而不应该是大家都能得到的句子。

更改口令使用 passwd 命令，在命令 shell 中输入 passwd 命令将允许更改口令。首先，提示输入旧口令，为了防止口令被人扫描，在输入口令时不显示出口令。如果旧口令输入正确，passwd 命令将提示输入新的口令，并需要进行新口令的确认输入，以此来确保口令没有输错。

如果作为 root 用户登录到系统时，还可以把其他用户的登录名作为 passwd 命令的参数来更改此用户的口令，实例如图 6-1 所示。

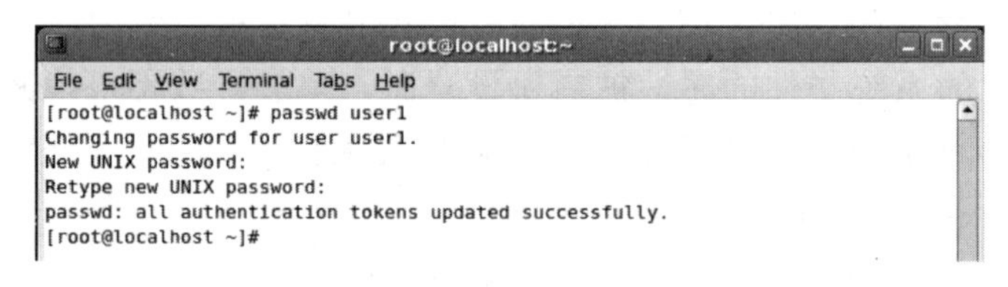

图 6-1　修改 user1 的口令

2. 定期更改口令

设置了安全的口令只是第一步，要想口令不被轻易破解，还需要定期更改口令。按照这一策略，在口令被破解之前，已经更改为不同的口令，而且还可以对 Linux 口令设置有效期限。在 Red Hat Linux 系统中，使用 chage 命令更改口令的期限。例如，设置口令期限提示用户 user1 每 30 天更改一次口令，可以作为 root 登录系统并输入下列命令，如图 6-2 所示。

图 6-2 修改 user1 更改口令期限

实例中的“—M”参数是保持口令不变的最大天数，天数值放在—M 参数之后，最后的参数是用户名。当过了 30 天后，user1 的口令到达期限时，当该用户再次登录时，将出现下列消息：

Your password has expired;please changed it!（口令已到期，请更改！）

Changing password for user1（更改 mdb 口令）

然后，系统将提示一次旧口令、两次新口令。在新口令没有成功设置前，该用户将不能登录到系统中。

chage 命令语法格式如下：

chage [<选项>] <用户名>

常用选项：

-m days：指定用户必须改变口令所间隔的最少天数。如果值为 0，口令就不会过期。

-M days：指定口令有效的最多天数。当该选项指定的天数加上-d 选项指定的天数小于当前的日期，用户在使用该账号前就必须改变口令。

-d days：指定自从 1970 年 1 月 1 日起，口令被改变的天数。

-I days：指定口令过期后，账号被锁前不活跃的天数。 如果值为 0，账号在口令过期后就不会被锁。

-E date：指定账号被锁的日期，日期格式为 YYYY-MM-DD。若不使用日期，也可以使用自 1970 年 1 月 1 日后经过的天数。

-W days：指定口令过期前要警告用户的天数。

-l：列出指定用户当前的口令时效信息，以确定账号何时过期。

【操作举例】

用户 user1 两天内不能更改口令，并且口令最长的存活期为 30 天， 并在口令过期前 5 天通知 user1。

chage -m 2 -M 30 -W 5 user1

查看用户 user1 当前的口令时效信息。

chage -1 user1

实例操作结果如图 6-3 所示。

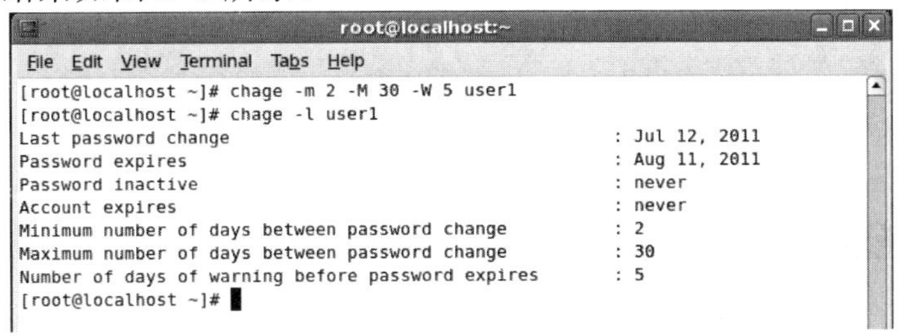

图 6-3 实例操作结果

3．使用影子口令文件

在早期 UNIX 版本中，所有用户账户和口令信息存储在一个文件中，所有用户都可以读此文件，但只有根用户可以写。由于口令信息已经加密，因此，这种方式没有实际问题。口令是使用陷门（Trapdoor）算法加密的，没有加密的口令可以加密成一个混杂的字符串，而且这个字符串不能转换为没有加密的口令。

当登录时，系统编码输入的口令，将加密后的字符串与存储在口令文件中的字符串进行比较，只有当两个字符串匹配时才能获取访问权，在影子口令文件中的口令是系统管理员也不知道的，系统管理员只知道加密后的口令。

在默认情况下，Linux 系统支持影子口令文件。影子文件是口令文件的一个特殊版本，只有根用户才可以读取，它含有加密后的口令信息，这样就可以不使用原来的所有人都可以读取的口令文件。

口令文件名称为 passwd，可以在/etc 目录下找到；影子口令文件名称为 shadow，也在/etc 目录下。可以通过 more 命令显示文件的内容，如图 6-4 所示。

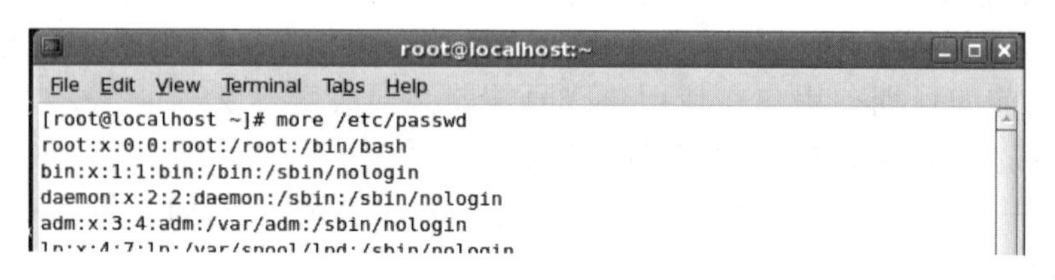

图 6-4　/etc/passwd 文件内容

上面的每一行对应于 Linux 系统中的一个用户账号，每一行由冒号分割成 7 个部分，从左到右依次为登录名、加密后的口令（这里使用 X 代替，加密后的口令被转移到 Shadow 文件中）、用户的 ID、组 ID、描述信息、主目录以及默认 Shell。以第一行为例，这是一个根账号，加密后的口令用 X 代替了，用户 ID 和组 ID 都为 0、主目录为/root，默认 shell 为/bin/bash，在下面的图 6-5 中可以找到加密后的口令。

图 6-5　/etc/shadow 文件内容

6.1.4　日常安全注意事项

1）删除系统所有默认的账号和密码，这些账号往往是黑客攻击时的第一目标，

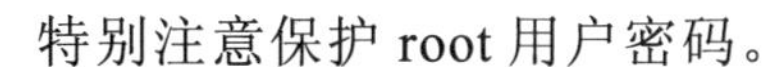

特别注意保护 root 用户密码。

2）在用户合法性得到验证前不要显示公司题头、在线帮助以及其他信息，使黑客试图侵入前获得的信息尽可能少。

3）废除“黑客”可以攻击系统的所有不在使用的网络服务，如匿名 FTP 等，每一项网络服务程序都包括这样那样的漏洞，启用的服务越多，系统安全漏洞也就越多。

4）使用 6～8 位字母、数字混合的密码，并经常更换密码。可以设置用户密码的安全等级和有效期限。注意，安全等级过高的系统，用户密码的设置会非常麻烦。

5）限制用户尝试登录到系统的次数，防止黑客通过“穷举法”破译密码。在密码输入错误次数达到某限制值时，账号将被锁定。

6）记录违反安全性的情况，并对安全记录进行复查。

7）对于重要信息，上网传输前要先进行加密。现在已经有了很多的加密传输协议，并且有了相关标准，可以根据需要选用。

8）重视专家提出的建议，安装他们推荐的系统“补丁”。各种版本的 Linux 都在不断地推出各种“补丁”程序，它们有的修正系统 BUG，有的提供功能扩展，还有的修改系统安全漏洞，这就是安全管理所需要的内容。

9）限制不需密码即可访问的主机文件。

10）修改网络配置文件，以便将来自外部的 TCP 连接限制到最少数量的端口。不允许诸如 TFTP、Sunrpc、Printer、Rlogin 或 Rexec 之类的协议。

11）用 Upas 代替 Sendmail。Sendmail 有太多已知漏洞，很难修补完全。

12）去掉对操作并非至关重要又极少使用的程序。

13）使用 chmod 将所有系统目录变更为 711 模式。这样，攻击者们将无法看到它们当中有什么东西，而用户仍可执行。

14）只要可能，就将磁盘安装为只读模式。其实，仅有少数目录需读写状态。

15）将系统软件升级为最新版本。老版本可能已被研究并被成功攻击，其安全漏洞早已广为流传，最新版本一般包括了这些问题的补丁，高版本总是更加稳定可靠的。

6.1.5 服务器被侵入后的处理

虽然服务器采取了很多安全措施，但还是有可能被侵入。一旦服务器遭到网络黑客的攻击，应该及时采取下述行动：

首先设法使服务器进入安全状态，即将入侵者清理出系统，如果实在没有办法，就断开所有网络连接（拔掉网线或者关闭调制解调器）。

不要急于恢复系统，那样可能覆盖掉黑客入侵的行动记录和留下的蛛丝马迹，而这些东西是将来反黑客的重要线索。一定要设法寻找出入侵者是如何进入的，然后弥补好这个漏洞，以免被再次侵入。如果不能弥补，宁愿关闭掉该项服务，否则即有可能继续遭到攻击。另外要特别注意用户文件和口令，防止黑客为下次攻击留下“后门”。

然后要通过系统备份来恢复被损坏或者删除的文件，这是必须要做的，系统恢复以后就可以重新开始服务了。

最后，如果入侵继续发生，则求救于本地的其他管理员，寻求技术支持。有时甚至需要通过法律手段来保护网站安全。

6.2 日志文件

Red Hat Linux 用于记录重要事件的各种日志文件是非常重要的，可以在/var/log 目录下找到 Red Hat Linux 系统的日志文件。

6.2.1 Linux 系统日志窗口

Red Hat Linux 有一个 System Logs（系统日志）窗口，可以以 GUI 方式来查看重要的系统日志文件。要打开此窗口，在桌面的“System”菜单里，选择“Administration”→“System Log”命令，即可打开 System Log 窗口，如图 6-6 所示。

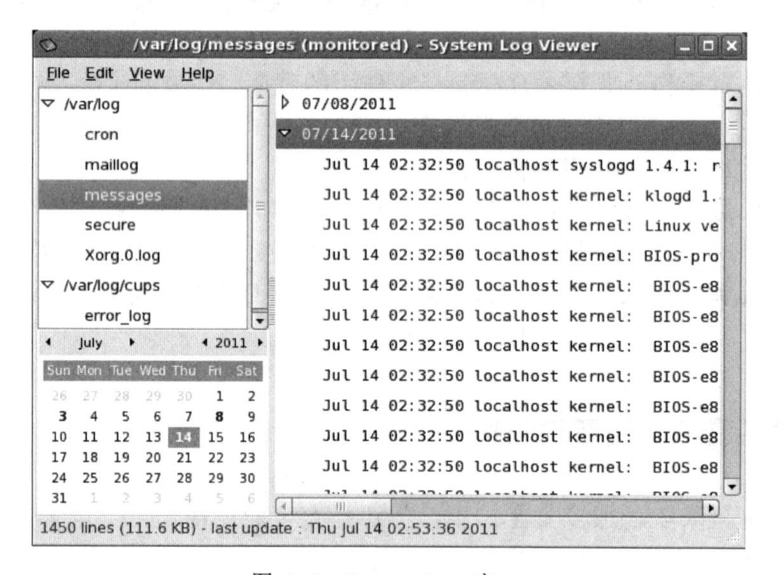

图 6-6　System Log 窗口

要查看某个日志，在左列中单击日志名。如果要查找特定的信息或问题，选择“View”菜单，选择“Filter”命令，打开“Filter”文本框，在“Filter”文本框中输入关键字则在主窗口中显示相应的内容，如图 6-7 所示。

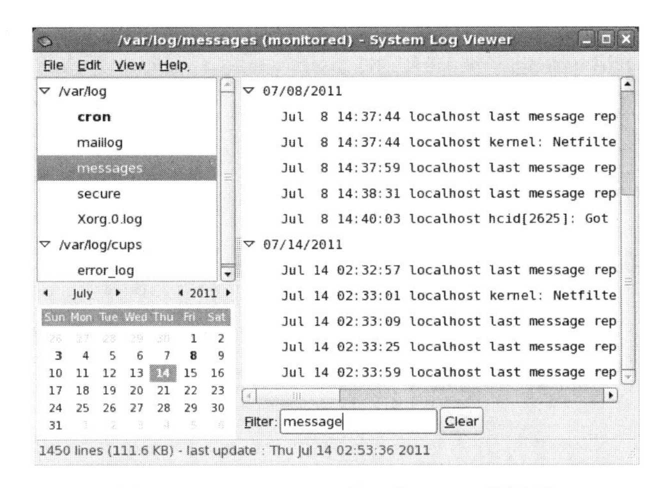

图 6-7　System Log 窗口中 Filter 的用法

6.2.2　syslogd 的作用

在同一时间会发生许许多多的事情，而在终端窗口中断开连接的网络服务更是如此。因此，提供一个记录特殊事件和消息的标准机制就非常有必要了。Linux 使用 syslogd 守护进程来提供这个服务。

syslogd 守护进程提供了一个对系统活动和消息进行记录的标准方法。许多其他种类的 UNIX 操作系统也使用了兼容的守护进程，这就提供了一个在网络中跨平台记录的方法。在大型的网络环境里这更具有价值。因为在那样的环境里，集中收集各种记录数据，以获得系统运转的准确情况是非常有必要的。可以把这种记录功能子系统比作 Windows NT 的 System Logger。

syslogd 保存数据用的记录文件都是简明的文本文件，一般都存放在/var/log 子目录中，所包含的日志如图 6-8 所示。

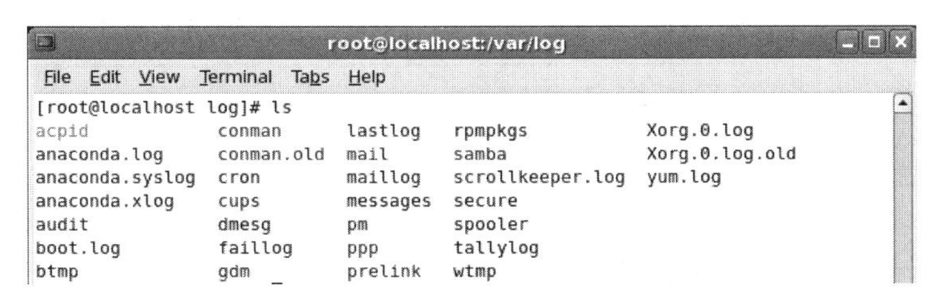

图 6-8　/var/log 子目录包含的日志

日志文件中的每个数据项构成一行，包括日期、时间、主机名、进程名、进程的 PID，以及来自该进程的消息。标准 C 函数库中的一个全局性的函数提供了生成记录消息的简单机制。如果用户不喜欢编写程序代码，但是又想在记录文件中生成数据项，可以选择使用 logger 命令。像 syslogd 这样重要的工具，应该是作为开机引导命令脚本程序的一部分来启动的，在服务器环境中使用的任何一个 Linux 发行版本，都已经将其设置好了。以 secure 日志为例，内容如图 6-9 所示。

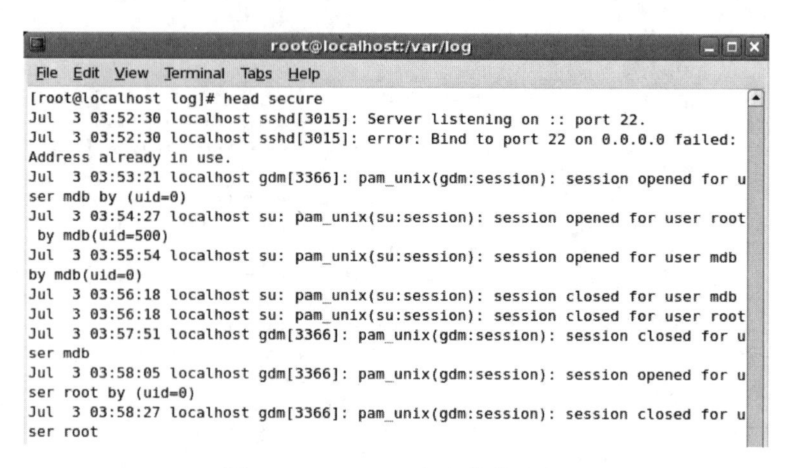

图 6-9 secure 日志文件的内容

6.2.3 /etc/syslog.conf 文件

/etc/syslog.conf 文件包含了 syslogd 需要运行的配置信息。这个文件的格式有些不同寻常，但是现有的默认配置文件将足以满足使用需要，除非想要在特定的文件中查找特定的信息，或者需要把这些信息发送到远程计算机去。

1. 记录信息分类

在掌握/etc/syslog.conf 文件格式之前，需要先了解记录消息是如何分类的。每个消息都有一个功能值（Facility）和一个优先权值（Priority）。功能值告诉用户这条消息是由哪个子系统产生的，而优先权值则说明这个消息有多重要。这两个值由句号分隔。

这两个值都有等价的字符串，从而容易记忆。功能值和优先权值的等价字符串分别见表 6-1 和表 6-2。

表 6-1 /etc/syslog.conf 文件中功能值的等价字符串

功能值等价字符串	说　明
auth	身份验证消息
authpriv	与 auth 基本相同
cron	由 cron 子系统（参见后面的章节）产生的消息
daemon	各种服务守护进程的基本信息
kern	内核消息
lpr	打印子系统消息
mail	电子邮件子系统消息（包括对每一个电子邮件的记录）
mark	已弃用，但是有的书里还介绍它；syslogd 只是简单地忽略它
news	通过 NNTP 子系统的消息
security	与 auth 相同的东西（不应再使用）
syslog	来自 syslog 的内部消息
user	来自用户程序的消息
uucp	来自 UUCP（UNIX to UNIX CoPy 的缩写）的消息
local0-local9	基本功能级别，它们的重要性可以根据需要来决定

表 6-2 /etc/syslog.conf 文件中优先权值的等价字符串

优先权级别等价字符串	说　　明
debug	调试语句
info	杂项信息
notice	重要语句，但并不一定是坏消息
warning	潜在危险情况
warn	与 warning 相同（不应再使用）
Err	出现一个错误
error	与 err 相同（不应再使用）
crit	严重事件
alert	指明发生重大事件的消息
emerg	紧急事件

注意：优先权级别是根据 syslogd 的严重性程度排列的。因此，可以不考虑 debug 级别消息的严重性，而 emerg 是最严重的。例如，功能和优先权组合字符串 mail.crit 就表示在电子邮件子系统中出现一个严重的错误（如它用尽了硬盘空间）。syslogd 把这条消息看得比 mail.info 消息重要得多，而后一条消息可能只是说明又收到了一个新的电子邮件。

syslogd 还支持通配符。因此，用户可以定义整个一个级别的消息。例如，mail.* 代表与电子邮件子系统有关的全部消息。

2. /etc/syslog.conf 文件的格式

下面是配置文件里各语句的格式：

facility/priority combinations separated by commas file/process/host to log to

例如：

kern.info /ver/log/kerned

syslogd 还可以灵活地把记录消息发送到多种不同的保存目的地去。它可以把消息保存为文件、把消息发送到 FIFO 队列、发送到一组用户或者（在大型站点集中记录消息的情况下）发送到一个中心记录主机中。为了区分这些目的地，在目的地入口使用了下面的规则：

1）如果保存目的地的开始字符是斜杠字符（/），消息将发送到某个文件。

2）如果保存目的地的开始字符是垂直字符（|），消息将发送到某个 FIFO 队列。

3）如果保存目的地的开始字符是“@”字符，消息将发送到某个主机。

如果在保存目的地的开始没有输入特殊字符，syslogd 就将认为发送目的地是一个使用逗号分隔的用户清单，消息将发送到他们的显示器屏幕上。

如果使用了星号字符(*)，syslogd 就将把消息发送给全部已经登录上机的用户。

与其他情况相同，任何以井字号（#）开始的语句都是注释行。

下面来看看配置文件数据项的几个示例：

Log all the mail messages in one place .

mail.* /var/log/maillog

在上面的例子中，语句将把各种优先权级别的电子邮件功能消息都发送到/var/log/mailog 文件中去。

再看看其他例子：

Everybody gets emergency messages , plus log them on another

machine .

*.emerg @loghost,sshah,hdc,root

在这个例子中，可以看到记录优先权级别为 emerg 的全部功能消息，都将被发送到另外一个运行着 syslogd 名为 loghost 的系统中。同时，如果用 hdc、sshah 或 root 已经登录，需要记录的消息也将出现在这些用户的显示器屏幕上。

在同一行上可以对单个活动定义多个选择开关，如下所示：

*.info; mail.none; authpriv.none /var/log/messages

6.3 iptables 防火墙

6.3.1 什么是防火墙

防火墙是汽车中一个部件的名称。在汽车中，利用防火墙把乘客和引擎隔开，汽车引擎一旦着火，防火墙不但能保护乘客安全，同时还能让司机继续控制引擎。在计算机中，防火墙是一种装置，可使个别网络不受公共部分（整个 Internet）的影响。

本节将防火墙计算机称为“防火墙”，它能同时连接受到保护的局域网络和 Internet 两端。这样受到保护的网络无法连接到 Internet，Internet 也无法连接到受保护的网络。如果要从受保护的网络内部连接到 Internet，就得利用 Telnet 先连接到防火墙，然后从防火墙连接 Internet。最简单的防火墙是 dual homed 系统（具有两个网络连接的系统）。只要配置一台 Linux 主机（配置时将 IP forwarding/gatewaying 设为 OFF），并为每人设置一个账户，他们就能登录这一主机，使用 Telnet、FTP，阅读电子邮件和使用所有这台主机提供的任何其他服务。根据这项配置，这一网络中唯一能与外界联系的计算机便是这个防火墙。

Linux 2.2.x 内核用 ipchains 代替了原来 2.0 内核中的 ipfwadm。ipchains 较之以前的 ipfwadm 语法变动很大，如果想了解更多的命令和语法，可以参考 ipchains howto （http://www.hncd.gov. cn/linux），或者运行 ipchains -help。

iptables 防火墙管理程序是用来建立 netfilter 防火墙的，它的前身是 ipchains。在 Linux2.4.x 后，ipchains 逐渐被功能更强大的 iptables 所取代。

6.3.2 防火墙分类

1. IP 过滤防火墙

IP 过滤防火墙在 IP 层工作。它依据起点、终点、串口号和每一数据包中所含的数据包种类信息控制数据包的流动。这种防火墙非常安全，但是缺少有用的登录记录。它阻挡其他人进入个别网络，但不能记录何人进入公共系统，或何人从内部进入网际网。过滤防火墙是绝对性的过滤系统。即使要让外界的一些人进入私有服务器，用户也无法让每一个人进入服务器。Linux 从 1.3.x 版开始就在内核中包含了数据包过滤软件。

2. 代理服务器

代理服务器允许通过防火墙间接进入网际网。最好的例子是通过 Telnet 进入系统，然后从该处再通过 Telnet 进入另一个系统。在有代理服务器的系统中，这项工作就完全自动完成。利用客户端软件连接代理服务器后，代理服务器启动它的客户端软件，然后传回数据。由于代理服务器重复所有通信，因此能够记录所有进行的工作。只要配置正确，代理服务器就绝对安全，这是它最可取之处。由于没有直接的 I P 通路，它阻挡任何人进入。

6.3.3 Linux 防火墙实现策略

一般而言，实现 Linux 防火墙功能有两种策略：

一种是首先全面禁止所有的输入/输出/转发包，然后根据需要逐步打开所要求的各项服务。这种方式最安全，但必须全面考虑自己所要使用的各项服务功能，不能有任何遗漏。如果用户对要实现的某种服务和功能不能清楚地知道应该打开哪些服务和端口，就会比较麻烦。

第二种方式是首先默认打开所有的输入/输出包，然后禁止某些危险包、IP 欺骗包、广播包、ICMP 服务类型攻击等，对于应用层服务，如 HTTP、Sendmail、POP3、FTP 等，若不打算提供某些服务，就不要启动它，或者根本就不要安装。这种方式虽然没有第一种方式更安全，但是比较方便，容易配置，用户不必过多地了解应该如何打开一种服务所需要执行的 ipchains 命令的细节，就能配置一个比较安全的防火墙系统。

6.3.4 iptables 相关概念

1. 规则

iptables 规则就是 iptables 防火墙管理命令，用户通过这些命令执行防火墙策略并管理防火墙行为。管理员通过规则的设定预定义数据包过滤条件，如果数据包头符合某些条件，就按照某种方式处理数据包。规则可以指定源地址、目的地址、协议和服务类型等各种不同的数据包报头信息。iptables 根据预定义的规则对数据包进行匹配和处理，决定数据包是被接受、拒绝还是丢弃。

2．链

不同的规则针对不同数据包，一般在审核特定的数据包时都会采用不止一条规则。这些针对特定数据包的一条或多条规则即构成了一条规则链，即数据包在通过防火墙时需要通过的路径。当一个数据包到达防火墙时，根据数据包的类型，使用相对应的规则链对数据包进行审核，从第一条规则开始，分析报头信息是否符合规则所定义的条件，如果满足则对数据包采取规则所规定的处理办法；否则，对数据包应用第二条规则进行审核。如果数据包不能满足规则链中的任何一条规则，则对数据包按该规则链的默认策略进行处理：接受、拒绝或者丢弃。

3．表

iptables 的表提供某些特定功能。iptables 内置三个表：filter 表、nat 表和 mangle 表。其中，filter 表实现数据包过滤，nat 表实现网络地址转换，mangle 表实现数据包重构。

filter 表是 iptables 默认的表，包括：一个用于处理输入或即将进入防火墙的数据的规则链，一个用于处理输出或即将离开防火墙的数据的规则链，一个用于处理转发或通过防火墙被送去的数据的规则链。

nat 表主要用于实现网络地址转换，具有一对一、一对多、多对多等转换能力，支持源和目的，允许修改数据包的源或目的地址和端口地址。nat 表包括：一个在传递输入数据包到路由功能前修改目的地址的 prerouting 链；一个在路由之前对本地产生的输出数据包目的地址进行修改的 output 链；一个对将要通过路由出去的输入数据包源地址进行修改的 postrouting 链。

mangle 表主要用于对特定的数据包进行修改，能够给数据包打上标记，或者根据某些特殊应用改写数据包的一些传输特性，如改变数据包的 TTL 和 TOS 等。mangle 表内建了 5 个规则链：

1）prerouting 规则链指定输入数据包到达接口后，在还没有作出路由或者本地传递的决定前对于数据包进行修改。

2)input 规则链指定对数据包进行处理时对数据包进行的修改,需要在 prerouting 规则链之后应用。

3）postrouting 规则链指定输出数据包通过防火墙时对数据包的修改，需要在 output 规则链之后应用。

4）forward 规则链指定对转发出防火墙的数据包的修改。

5）output 规则链指定对本地生产的输出数据包的修改。

6.3.5 配置 iptables 防火墙

当安装 Redhat Linux 时，iptables 防火墙成为默认的防火墙软件。现在 iptables

和 ipchains 在 Redhat Linux 都可以使用，但某一时刻只有一个可以处于激活状态，而现在更支持 iptables。iptables 在使用上通常被认为比 ipchains 更复杂一些，同时也更强大和灵活一些。

本节主要介绍如何启动 iptables 以及在几种不同的情况下怎样建立防火墙规则。同时本节也会介绍如何启动一些相关的防火墙特性，来使得 iptables 防火墙进行网络地址转换、IP 伪装、端口转发和传输代理。

1. 启动 iptables

下面介绍在 Redhat Linux 系统上启动 iptables 的过程。

1）设置 iptables 在系统启动时自启动：

chkconfig iptables on

2）启动 iptables 使用下面两个命令：

#/sbin/chkconfig –level 345 iptables on

#/sbin/service iptables start

chkconfig 命令表示在系统启动时，iptables 在相应启动级别的默认设置。

2. iptables 命令格式

iptables 命令的基本语法都是以 iptables 本身开始的，后面跟着一个或多个选项、一个规则链、一个预定义条件和一个目标或部署。一般格式如下：

iptables [-t table] command [match] [target/jump]

其中：

table——表选项，用于指定命令应用于哪个表，可以是系统内置的 filter 表、nat 表或者 mangle 表中的任意一个。

command——命令选项，用于指定 iptables 对提交的规则采取什么样的操作，包括插入、删除和添加规则等，见表 6-3。

表 6-3 命令选项

命 令	说 明
-A 或-append <链名>	在规则列表的最后添加一条规则
-D 或-delete <链名>	在规则列表中删除一条规则
-R 或-replace <链名>	替换规则列表中的某条规则
-I 或-insert <链名>	在规则列表中的指定位置插入一条规则
-L 或-list <链名>	查看 iptables 的规则列表
-F 或-flush <链名>	删除所选的链，未指定链则清空指定表中的链
-Z 或-zero <链名>	将表中数据包计数器和流量计清零
-N 或-new-chain <链名>	用指定名字建立新的链，不能同名
-X 或-delete-chain <链名>	删除指定的用户自定链，未指定则删除默认表中的所有非内建的链
-P 或-policy <链名>	定义默认策略
-E 或-rename-chain <链名>	对自定义的链重命名

match——匹配选项，指定数据包与规则匹配时所应具有的特征，包括源地址、

目标地址、传输协议（如 TCP、UDP、ICMP 等）和端口号（如 80、21、110 等）。iptables 的匹配规则大致可以归为以下几类：generic matches（通用匹配），适用于所有的规则；TCP matches，只适用于 TCP 包；UDP matches，只适用于 UDP 包；ICMP matches，只适用于 ICMP 包。

通用匹配是最常用的，无论使用的是何种协议和匹配的何种扩展，通用匹配都是可用的。通用匹配可以直接使用，而不需要任何前提条件，但很多其他匹配操作是需要其他的匹配作为前提的。通用匹配的参数见表 6-4。

表 6-4　通用匹配选项

匹　　配	说　　明
-i 或--in-interface<网络接口名>	指定数据包从哪个网络接口进入，如 ppp0、eth0、eth1。也可以使用通配符，如 eth+，表示所有以太网接口
-o 或--out-interface<网络接口名>	指定数据包从哪个网络接口输出
-p 或--proto <协议类型>	指定数据包匹配的协议
-s 或--source <源地址或子网>	指定数据包匹配的源地址
--sport <源端口号>	指定数据包匹配的源端口号
-d 或--destination <目的地址或子网>	指定数据包匹配的目的地址
--dport <目的端口号>	指定数据包匹配的目的端口号

target/jump——动作选项，指定数据包与规则匹配后，iptables 对数据包采取何种处理方式。jump 的目标是一个在同一个表内的链，而 target 的目标是具体的操作，两个结合起来表示被匹配到的数据包将跳转到哪个目标去，并执行哪个目标的动作，见表 6-5。

表 6-5　动作选项

动　　作	说　　明
ACCEPT	接受数据包
DROP	丢弃数据包
REDIRECT	将数据包重定向到本机或另一台主机的某个端口，用于实现透明代理或对外部网开发内部网的某些服务
SNAT	源地址转换，即改变数据包的源地址
DNAT	目的地址转换，即改变数据包的目的地址
MASQUERADE	IP 伪装，即 NAT 技术，MASQUERADE 只用于拨号上网所获得的动态 IP 上，如果是静态的，则使用 SNAT
LOG	日志功能，将符合规则的数据包的相关信息记录在日志中，方便管理员进行分析和纠错

3. iptables 常用命令

（1）定义默认策略　命令语法如下：

iptables [-t table] <-P> <链名> <target>

参数说明如下：

table—— 指定默认策略将应用的表，选项包括 filter 表、nat 表和 mangle 表，默认使用 filter 表。

-P——定义默认策略。

链名——指定默认策略将应用的链，选项包括 INPUT、OUTPUT、FORWORD、PREROUTING 和 POSTROUTING。

target—— 处理数据包的动作，选项包括接受数据包（ACCEPT）和丢弃数据包（DROP）。

【实例 1】将 filter 表 INPUT 链的默认策略定义为接受数据包：

iptables -P INPUT ACCEPT

【实例 2】将 nat 表 OUTPUT 链的默认策略定义为丢弃数据包：

iptables -t nat -P OUTPUT DROP

（2）查看 iptables 规则 命令语法格式：

iptables [-t table] <-L> <链名>

参数说明如下：

-L—— 查看指定表和指定链的规则列表。

链名—— 查看指定表中特定链的规则列表，如果不指定特定链，则显示表中所有链的规则列表。

【实例 3】查看 nat 表的所有链的规则列表：

iptables -t nat -L

命令执行结果如图 6-10 所示。

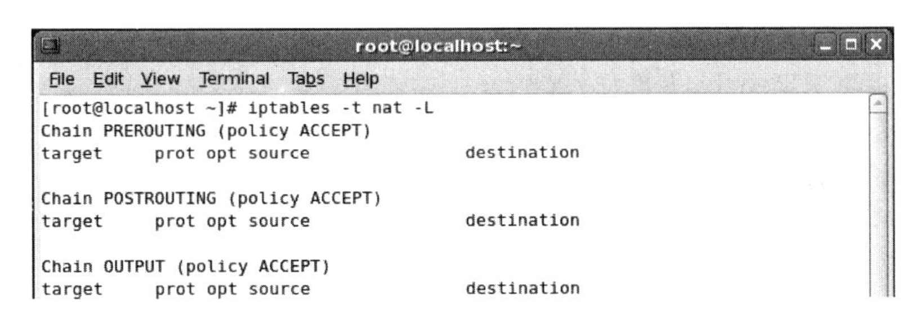

图 6-10 nat 表所有链的规则列表

（3）增加、插入、删除和替换规则 命令语法格式：

iptables [-t table] <-A|I|D|R> 链名 [规则编号] [-i|o 网卡名称 [-p 协议类型] [-s 源 IP 地址 | 源子网] [--sport 源端口号] [-d 目的 IP 地址|目的子网] [--dport 目的端口号]] <-j target>

参数说明如下：

-A—— 新增加一条规则，并添加到规则列表的最后一行。

-I—— 在指定列表的指定位置插入一条规则，未指定位置时，则插入到第一条规则前。

-D——从规则列表中删除一条规则，需要指定具体的规则定义或规则编号。

-R——替换指定规则，必须要指定待替换的规则编号。

规则编号——编号按照规则列表的顺序排列，起始编号为 1。

-i|o 网卡名称——i 指定从哪块网卡输入，o 指定从哪块网卡输出，网卡名称可以使用 ppp0、eth0、eth1 等。

【**实例 4**】为 filter 表的 INPUT 链添加一条规则定义：来自 IP 地址为 192.168.92.128 主机的数据包予以丢失。

命令的语法格式为：

iptables -t filter -A INPUT -s 192.168.92.128 -j DROP

查看 filter 表的 INPUT 链规则列表：

iptables -t filter -L INPUT

命令执行结果如图 6-11 所示。

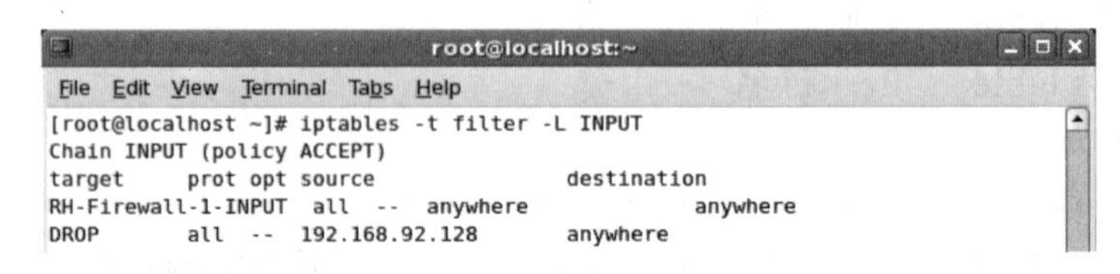

图 6-11　添加新规则：来自 IP 地址为 192.168.92.128 主机的数据包予以丢失

【**实例 5**】为 filter 表的 INPUT 链添加一个规则定义：来自 IP 地址为 192.168.92.128 主机数据包予以接受。

命令的语法格式为：

iptables -t filter -A INPUT -s 192.168.92.128 -j ACCEPT

查看 filter 表的 INPUT 链规则列表：

iptables -t filter -L INPUT

命令执行结果如图 6-12 所示。

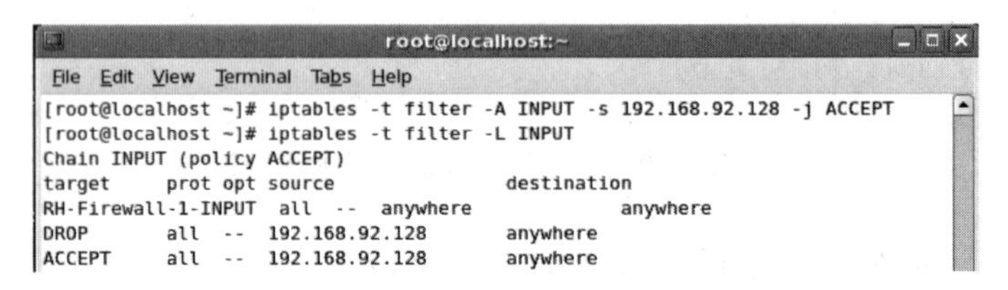

图 6-12　添加新规则：来自 IP 地址为 192.168.92.128 主机数据包予以接受

【**实例 6**】在 filter 表的 INPUT 链规则链表中插入一条规则，位置在第二条规则之前，规则定义：禁止 192.168.92.0 子网的所有主机访问 TCP 的 80 端口。

命令的语法格式为：

iptables -t filter -I INPUT 2 -s 192.168.92.0/24 -p tcp --dport 80 -j DROP

iptables -t filter -L INPUT

命令执行结果如图 6-13 所示。

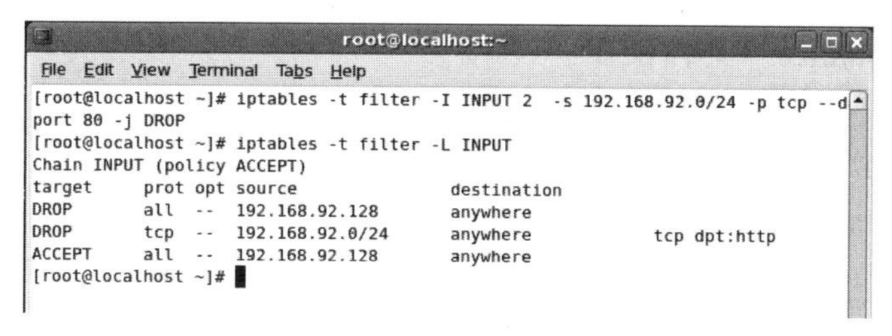

图 6-13　指定位置插入新规则

【实例 7】 删除 filter 表的 INPUT 链规则列表中的第 3 条规则：

iptables -t filter -D　INPUT 3

iptables -t filter -L　INPUT

【实例 8】 替换 filter 表的 INPUT 链规则列表中的第 2 条规则为新的规则定义：禁止 192.168.149.0 这个子网的所有主机访问 TCP 的 80 端口。

iptables -t filter -R　INPUT 2　-s 192.168.149.0/24　-p　tcp --dport 80　-j DROP

iptables -t filter -L　INPUT

（4）清除规则和计数器　清除规则和计数器的命令格式如下：

iptables [-t table] <-F|Z>

参数说明如下：

-F—— 删除指定表中的所有的规则。

-Z—— 将指定表中数据包计数器和流量计数器清零。

【实例 9】 删除 filter 表中所有规则：

iptables –t filter –F

【实例 10】 将 filter 表数据包计数器和流量计数器清零：

iptables –t filter –Z

【实例 11】 删除 nat 表中所有规则：

iptables –t nat –F

实训项目十一　Red Hat Enterprise Linux 5 防火墙配置

1．实训目的

1）了解防火墙的概念。

2）掌握配置 iptables 防火墙命令的用法。

2．实训内容

（1）设置 iptables 在系统启动时自启动，并启动 iptables　具体操作：

1）设置系统启动时自启动命令如下：

chkconfig iptables on

2）启动 iptables 命令格式如下：

#/sbin/chkconfig –level 345 iptables on

#/sbin/service iptables start

（2）配置 iptables　具体操作：

1）将 nat 表 OUTPUT 链的默认策略定义为丢弃数据包：

iptables -t nat -P OUTPUT DROP

2）查看 filter 表的所有链的规则列表：

iptables -t filter -L

3）为 filter 表的 INPUT 链添加一条规则定义：来自 IP 地址为 192.168.101.100 主机的数据包予以接受。

iptables -t filter -A　INPUT　-s 192.168.101.100 -j　ACCEPT

4）在 filter 表的 INPUT 链规则链表中插入一条规则，位置在第一条规则之前，规则定义：禁止 192.168.101.0 子网的所有主机访问 TCP 的 80 端口。

iptables -t filter　-I　INPUT　1 -s 192.168.101.0/24 -p tcp --dport 80 -j DROP

5）删除 filter 表的 INPUT 链规则列表中的第二条规则：

iptables -t filter -D　INPUT 2

6）替换 filter 表的 INPUT 链规则列表中的第二条规则为新的规则定义：禁止 192.168.120.0 这个子网的所有主机访问 TCP 的 80 端口。

iptables -t filter -R　INPUT 2　-s 192.168.120.0/24　-p　tcp --dport 80　-j DROP

7）删除 filter 表中所有规则：

iptables –t filter –F

3．实训总结

1）写出实训总结。

2）防火墙的作用是什么？

3）写出对 iptables 配置命令格式的总结。

实训项目十二　日志的使用

1．实训目的

1）了解日志文件的作用。

2）掌握 Linux 系统日志窗口的使用。

3）掌握 syslogd 的用法。

4）掌握 syslog.conf 文件的用法。

2．实训内容

1）使用 Linux 系统日志窗口查找邮件日志的内容。

2）使用命令显示邮件日志的具体内容。

3）使用语句表示下列内容：

① 把各种优先权级别的电子邮件功能消息都发送到/var/log/mailog 文件中去。

② 记录优先权级别为 emerg 的全部功能消息都将被发送到另外一个运行着

syslogd 名为 loghost 的系统中去。

3. 实训总结

1）写出实训报告。

2）说一说 syslogd 的作用。

思考与练习

1. 填空题

（1）日志文件中的每个数据项构成一行，包括____________、______________、___________、___________、__________以及来自该进程的消息。

（2）iptables 的表提供某些特定功能。iptables 内置三个表：_______________表、_____________表和______________表。

2. 选择题

（1）安全管理涉及的问题包括保证网络管理工作可靠进行的安全问题和保护网络用户及网络管理对象问题，___________属于安全管理的内容。

A. 配置设备的工作参数　　B. 收集与网络性能有关的数据

C. 控制和维护访问权限　　D. 监测故障

（2）___________命令可以在 Linux 的安全系统中完成文件向磁带备份的工作。

A. cp　　B. tr　　C. dir　　D. cpio

3. 简答题

（1）简述防火墙的作用。

（2）简述 iptables 命令的规则要素。

项目实战演练

本章通过一个项目实战演练——为公司搭建基于 Linux 平台的服务器，达到深化理论知识、提高学生解决实际问题和对知识融会贯通的能力。培养技能型人才是职业院校的目标，因而学生职业能力的提升尤为重要。本章是对前面所有知识的综合性与系统性的应用，能够检验学生对本门课程的理解及掌握程度。

本章主要知识点：

（1）熟练掌握 FTP、DNS、Apache、邮件服务器的配置与使用。

（2）掌握 Linux 系统下 FTP、DNS、Apache、邮件服务器的故障检测与排除方法。

本章主要技能点：

（1）具备实践工作中分析问题与解决问题的能力。

（2）具备良好的团队合作精神与较好的沟通能力与表达能力。

7.1 项目定位

季目是一家开关制造公司。随着公司的发展，季目公司逐渐将业务发展到高科技创新型产品。目前公司有技术人员 50 人，管理人员 20 人，主要生产开关、计算机 CPU 水冷却器、VGA 显卡水冷却器、USB 制冷器、发动机燃油轨压力调节器、排气管吊钩、DC 直流水泵、环形变压器、电感器、散热器、水冷交换器等。由于业务需要，在公司局域网中以 jimu.com 为域名构建网络平台，公司要求作为管理员的你搭建基于 Linux 平台的服务器，有 DNS 服务器、Apache 服务器、FTP 服务器和邮件服务器等。

7.2 基础架构

1. DNS 服务器

季目开关制造公司局域网的拓扑结构如图 7-1 所示。

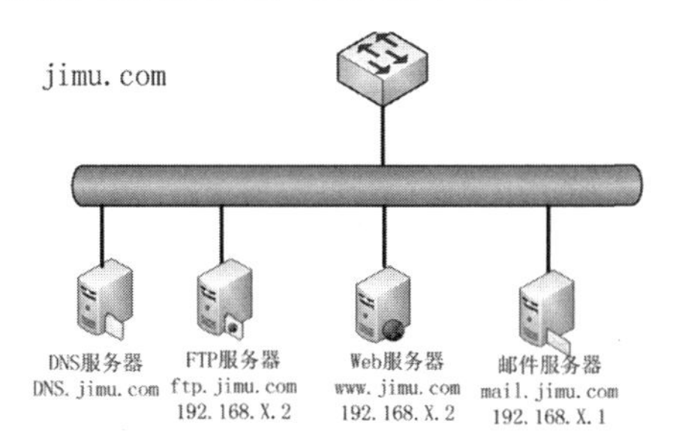

图 7-1 网络服务器拓扑结构图

该企业有一个局域网（192.168.X.0/24），已经有自己的网页，员工希望通过域名进行访问。同时，员工也需要访问 Internet 上的其他网站。该企业已经申请了域名 jimu.com，需要 Internet 上的其他用户通过域名访问公司的网页。为了保证可靠，不能因为 DNS 的故障导致网页不能访问，创建一个主 DNS 正向区域 jimu.com 服务器，要求具有以下记录：

1）WWW 服务器主机记录，对应的 IP 地址为 192.168. X.2。

2）FTP 服务器主机记录，对应的 IP 地址为 192.168. X.2。

3）MAIL 服务器主机记录，对应的 IP 地址为 192.168. X.1。

2. Apache 服务器

Apache 服务器采用域名 www.jimu.com 的 Web 服务，为某公司提供网站服务的功能。Web 站点根目录为/var/www/jimu.com，要求支持含有中文字符的网页，默认主页内容为："test jimu.com !"配置当系统启动时自动启动 HTTP 服务。

3. FTP 服务器

需求：公司技术部准备搭建一台功能简单的 FTP 服务器，允许所有员工上传和下载文件，并允许创建用户自己的目录。

4. 邮件服务器

完成相关软件包的安装与配置，设置邮件服务器，开启 SMTP、POP3、IMAP 服务，用 Telnet 进行端口测试。建立电子邮件账号 yan 和 liu，密码均为 Jimu10，在客户端中以 yan@mail.jimu.com 账户名向 liu@mail.jimu.com 账户发送一份电子邮件，主题为“邀请函”，内容为“欢迎参加季目集团高科技新产品新闻发布会！”。

7.3 项目实施

7.3.1 DNS 服务器的实施过程

1. DNS 服务器所需软件的安装

1）查看 RHEL5.4 预装了哪些包（见图 7-2）：rpm -qa | grep bind。

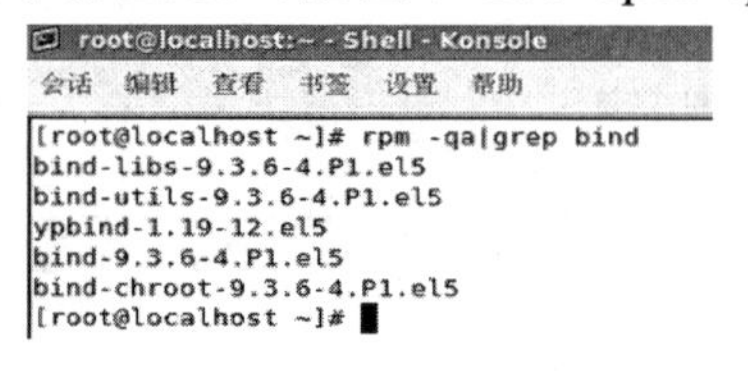

图 7-2 bind 软件包查询

从查看结果中可以看到，其中：bind 的主程序包 bind-9.3.6-4.P1.e15 已经安装。实现 bind 根目录的监牢机制，增强安全性的软件 bind-chroot-9.3.6-4.P1.e15 也已经安装。

2）如果这两个软件没有查看到，首先挂载光盘，然后用 rpm -ivh 进行安装，如图 7-3 所示。

图 7-3 bind 主程序包的安装

3）安装 bind-chroot-9.3.6-4.P1.e15，过程如图 7-4 所示。

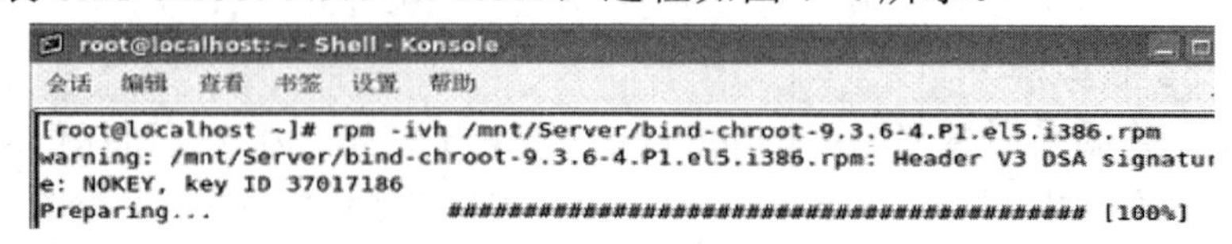

图 7-4 增加安全性的软件包的安装

4）RHEL5 系统为配置缓存域名服务器专门提供了名为 caching-nameserver 的软件包，此软件包安装如图 7-5 所示。

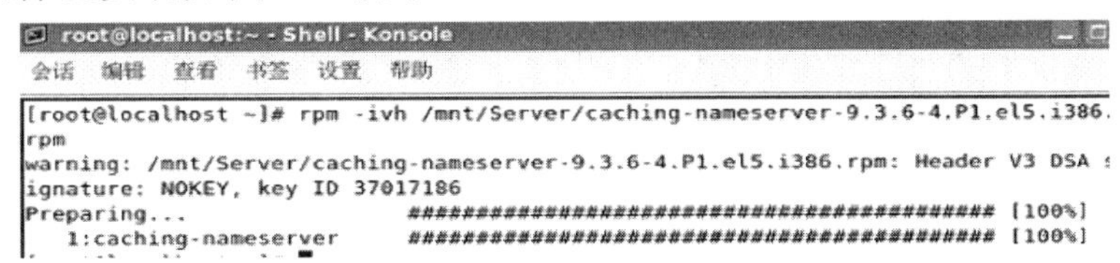

图 7-5 缓存域名服务器所需软件包的安装

2. 配置文件修改

（1）主配置文件的修改

1）主配置文件 named.conf 的生成。在目录/var/named/chroot/etc 下是没有主配置文件 named.conf 的，需要由 named.caching-nameserver.conf 复制生成。过程如图 7-6 所示。

```
root@localhost:/var/named/chroot/etc - Shell - Konsole
会话 编辑 查看 书签 设置 帮助
[root@localhost ~]# cd /var/named/chroot/etc
[root@localhost etc]# ls
localtime  named.caching-nameserver.conf  named.rfc1912.zones  rndc.key
[root@localhost etc]# cp  -p  named.caching-nameserver.conf  named.conf
[root@localhost etc]# ls
localtime                      named.conf           rndc.key
named.caching-nameserver.conf  named.rfc1912.zones
[root@localhost etc]#
```

图 7-6 主配置文件 named.comf 的生成

2）配置文件的修改。如图 7-7 所示，修改 options 全局模块中相关的参数配置。

```
root@localhost:/var/named/chroot/etc - Shell - Konsole
会话 编辑 查看 书签 设置 帮助
options {
        listen-on port 53 { any; };
        listen-on-v6 port 53 { ::1; };
        directory       "/var/named";
        dump-file       "/var/named/data/cache_dump.db";
        statistics-file "/var/named/data/named_stats.txt";
        memstatistics-file "/var/named/data/named_mem_stats.txt";

        // Those options should be used carefully because they disable port
        // randomization
        // query-source    port 53;
        // query-source-v6 port 53;

        allow-query     { any; };
        allow-query-cache { any; };
};
logging {
        channel default_debug {
                file "data/named.run";
                severity dynamic;
        };
};
```

图 7-7 options 全局模块

注释掉 view 视图模块，如图 7-8 所示。

```
root@localhost:/var/named/chroot/etc - Shell - Konsole
会话 编辑 查看 书签 设置 帮助
//view localhost_resolver {
//                                         每一行加//表示注释行，不执行。
//      match-clients      { localhost; };
//      match-destinations { localhost; };
//      recursion yes;
//      include "/etc/named.rfc1912.zones";
//};
```

图 7-8 view 视图模块

3）在主配置文件 named.conf 中添加正向区域 jimu.com 及反向区域 16.168.192.in-addr.arpa，如图 7-9 所示。

```
root@localhost:/var/named/chroot/etc - Shell - Konsole <2>
会话  编辑  查看  书签  设置  帮助
//      match-clients      { localhost; };
//      match-destinations { localhost; };
//      recursion yes;
//      include "/etc/named.rfc1912.zones";
//};
zone  "jimu.com" IN {                    ——> 正向区域
        type  master;
        file "jimu.com.zone";
        allow-update {none;};
};
zone "16.168.192.in-addr.arpa" IN{       ——> 反向区域
        type master;
        file "16.168.192.in-addr.arpa";
        allow-update {none;};
};
```

图 7-9　正向区域与反向区域的添加

（2）正向区域文件的修改

1）正向区域模板文件所在的目录：cd /var/named/chroot/var/named/（见图 7-10）。

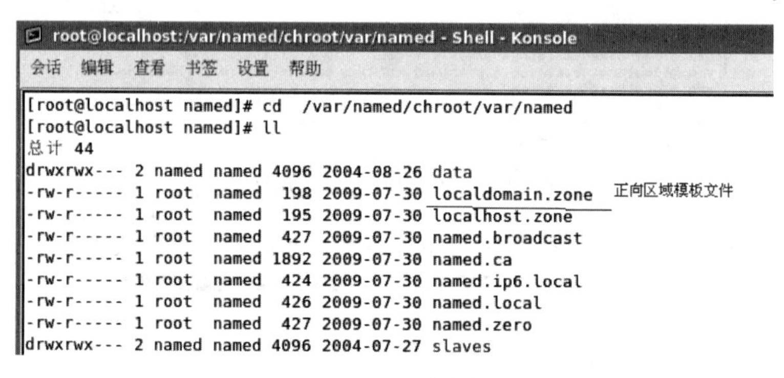

```
root@localhost:/var/named/chroot/var/named - Shell - Konsole
会话  编辑  查看  书签  设置  帮助
[root@localhost named]# cd  /var/named/chroot/var/named
[root@localhost named]# ll
总计 44
drwxrwx--- 2 named named 4096 2004-08-26 data
-rw-r----- 1 root  named  198 2009-07-30 localdomain.zone   正向区域模板文件
-rw-r----- 1 root  named  195 2009-07-30 localhost.zone
-rw-r----- 1 root  named  427 2009-07-30 named.broadcast
-rw-r----- 1 root  named 1892 2009-07-30 named.ca
-rw-r----- 1 root  named  424 2009-07-30 named.ip6.local
-rw-r----- 1 root  named  426 2009-07-30 named.local
-rw-r----- 1 root  named  427 2009-07-30 named.zero
drwxrwx--- 2 named named 4096 2004-07-27 slaves
```

图 7-10　正向区域模板文件所在目录

2）正向区域文件 jimu.com.zone 的生成：Cp –p localdomain.zone jimu.com.zone（见图 7-11）。

```
root@localhost:/var/named/chroot/var/named - Shell - Konsole
会话  编辑  查看  书签  设置  帮助
[root@localhost named]# cp  -p  localhost.zone  jimu.com.zone
[root@localhost named]# ll
总计 48
drwxrwx--- 2 named named 4096 2004-08-26 data
-rw-r----- 1 root  named  195 2009-07-30 jimu.com.zone     新生成的正向区域文件
-rw-r----- 1 root  named  198 2009-07-30 localdomain.zone
-rw-r----- 1 root  named  195 2009-07-30 localhost.zone
-rw-r----- 1 root  named  427 2009-07-30 named.broadcast
-rw-r----- 1 root  named 1892 2009-07-30 named.ca
-rw-r----- 1 root  named  424 2009-07-30 named.ip6.local
-rw-r----- 1 root  named  426 2009-07-30 named.local
-rw-r----- 1 root  named  427 2009-07-30 named.zero
drwxrwx--- 2 named named 4096 2004-07-27 slaves
```

图 7-11　正向区域文件 jimu.com.zone 的生成

3）打开正向区域文件 jimu.com.zone：vi jimu.com.zone（见图 7-12）。

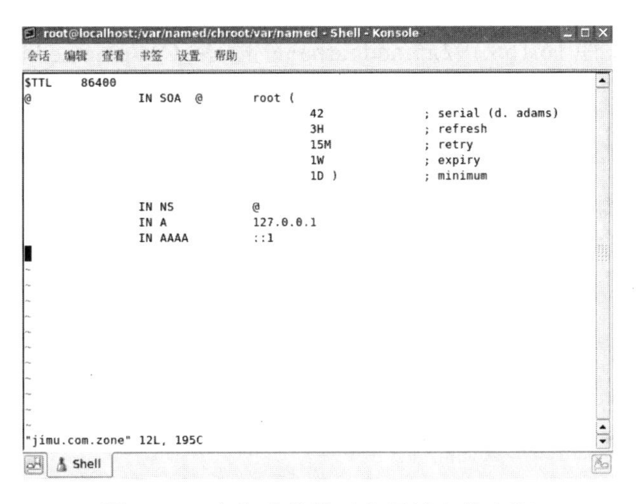

```
$TTL    86400
@               IN SOA  @       root (
                                42              ; serial (d. adams)
                                3H              ; refresh
                                15M             ; retry
                                1W              ; expiry
                                1D )            ; minimum

                IN NS           @
                IN A            127.0.0.1
                IN AAAA         ::1
"jimu.com.zone" 12L, 195C
```

图 7-12 未修改前的正向区域文件内容

4）正向区域文件的修改，依照图 7-1 所示的网络服务器的拓扑图，设定 DNS 服务器的 IP 地址为 192.168.16.254，FTP 服务器的 IP 地址为 192.168.16.2，WWW 服务器的 IP 地址为 192.168.16.2，Mail 服务器的 IP 地址为 192.168.16.1，如图 7-13 所示。修改完后保存退出即可。

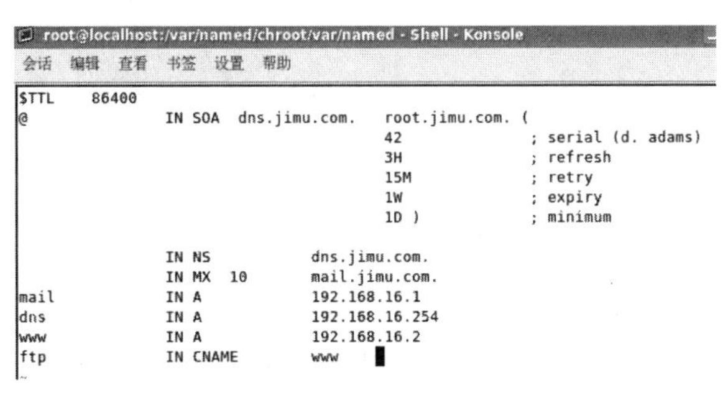

```
$TTL    86400
@               IN SOA  dns.jimu.com.   root.jimu.com. (
                                        42              ; serial (d. adams)
                                        3H              ; refresh
                                        15M             ; retry
                                        1W              ; expiry
                                        1D )            ; minimum

                IN NS           dns.jimu.com.
                IN MX   10      mail.jimu.com.
mail            IN A            192.168.16.1
dns             IN A            192.168.16.254
www             IN A            192.168.16.2
ftp             IN CNAME        www
```

图 7-13 正向区域文件的修改

（3）反向区域文件的修改

1）进入反向区域模板文件所在的目录：cd /var/named/chroot/var/named/（见图 7-14）。

```
[root@localhost named]# pwd
/var/named/chroot/var/named
[root@localhost named]# ll
总计 48
drwxrwx--- 2 named named 4096 2004-08-26 data
-rw-r----- 1 root  named  395 08-22 17:18 jimu.com.zone
-rw-r----- 1 root  named  198 2009-07-30 localdomain.zone
-rw-r----- 1 root  named  195 2009-07-30 localhost.zone
-rw-r----- 1 root  named  427 2009-07-30 named.broadcast
-rw-r----- 1 root  named 1892 2009-07-30 named.ca
-rw-r----- 1 root  named  424 2009-07-30 named.ip6.local
-rw-r----- 1 root  named  426 2009-07-30 named.local   反向区域模板文件
-rw-r----- 1 root  named  427 2009-07-30 named.zero
drwxrwx--- 2 named named 4096 2004-07-27 slaves
```

图 7-14 反向区域模板文件所在目录

2）反向区域文件 16.168.192.in-addr.arpa 的生成：Cp -p named.local 16.168.192.in-addr.arpa（见图 7-15）。

```
root@localhost:/var/named/chroot/var/named - Shell - Konsole
会话 编辑 查看 书签 设置 帮助
[root@localhost named]# cp -p  named.local   16.168.192.in-addr.arpa
[root@localhost named]# ll
总计 52
-rw-r----- 1 root  named  426 2009-07-30 16.168.192.in-addr.arpa 生成的反向区域文件
drwxrwx--- 2 named named 4096 2004-08-26 data
-rw-r----- 1 root  named  395 08-22 17:18 jimu.com.zone
-rw-r----- 1 root  named  198 2009-07-30 localdomain.zone
-rw-r----- 1 root  named  195 2009-07-30 localhost.zone
-rw-r----- 1 root  named  427 2009-07-30 named.broadcast
-rw-r----- 1 root  named 1892 2009-07-30 named.ca
-rw-r----- 1 root  named  424 2009-07-30 named.ip6.local
-rw-r----- 1 root  named  426 2009-07-30 named.local
-rw-r----- 1 root  named  427 2009-07-30 named.zero
drwxrwx--- 2 named named 4096 2004-07-27 slaves
[root@localhost named]#
```

图 7-15　反向区域文件 16.168.192.in-addr.arpa 的生成

3）打开反向区域文件：vi　16.168.192.in-addr.arpa（见图 7-16）。

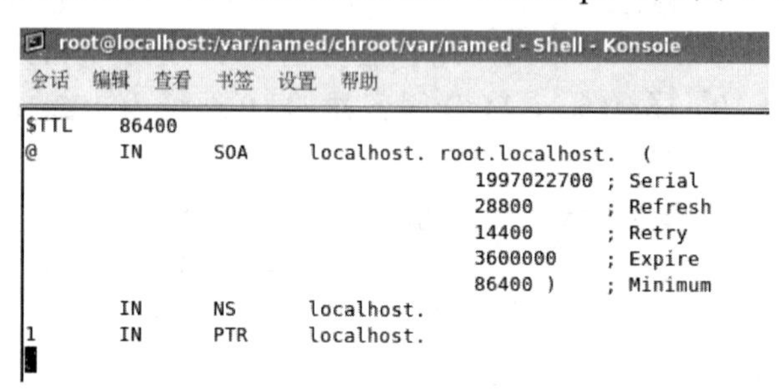

```
root@localhost:/var/named/chroot/var/named - Shell - Konsole
会话 编辑 查看 书签 设置 帮助
$TTL    86400
@       IN      SOA     localhost. root.localhost.  (
                                      1997022700 ; Serial
                                      28800      ; Refresh
                                      14400      ; Retry
                                      3600000    ; Expire
                                      86400 )    ; Minimum
        IN      NS      localhost.
1       IN      PTR     localhost.
```

图 7-16　没有修改的反向区域文件内容

4）反向区域文件的修改，依照正向区域文件中对应的 DNS 服务器、FTP 服务器、WWW 服务器和 Mail 服务器的 IP 地址，对反向区域文件进行修改（见图 7-17），修改完后保存退出即可。

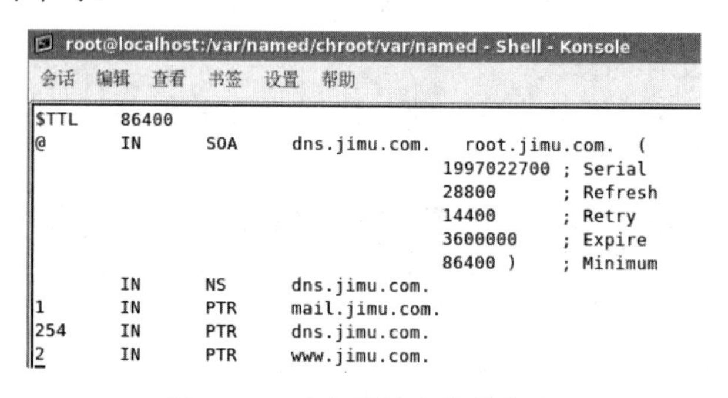

```
root@localhost:/var/named/chroot/var/named - Shell - Konsole
会话 编辑 查看 书签 设置 帮助
$TTL    86400
@       IN      SOA     dns.jimu.com.   root.jimu.com.  (
                                      1997022700 ; Serial
                                      28800      ; Refresh
                                      14400      ; Retry
                                      3600000    ; Expire
                                      86400 )    ; Minimum
        IN      NS      dns.jimu.com.
1       IN      PTR     mail.jimu.com.
254     IN      PTR     dns.jimu.com.
2       IN      PTR     www.jimu.com.
```

图 7-17　反向区域文件的修改

3．对三个配置文件添加执行权

1）反向区域文件执行权的添加：chmod +x 16.168.192.in-addr.arpa（见图 7-18）。

2）正向区域文件执行权的添加：chmod +x jimu.com.zone（见图 7-18）。

```
-rw-r----- 1 root  named  514 08-22 18:18 16.168.192.in-addr.arpa
drwxrwx--- 2 named named 4096 2004-08-26 data
-rw-r----- 1 root  named  395 08-22 17:18 jimu.com.zone
-rw-r----- 1 root  named  198 2009-07-30 localdomain.zone
-rw-r----- 1 root  named  195 2009-07-30 localhost.zone
-rw-r----- 1 root  named  427 2009-07-30 named.broadcast
-rw-r----- 1 root  named 1892 2009-07-30 named.ca
-rw-r----- 1 root  named  424 2009-07-30 named.ip6.local
-rw-r----- 1 root  named  426 2009-07-30 named.local
-rw-r----- 1 root  named  427 2009-07-30 named.zero
drwxrwx--- 2 named named 4096 2004-07-27 slaves
[root@localhost named]# chmod +x 16.168.192.in-addr.arpa
[root@localhost named]# chmod +x jimu.com.zone
[root@localhost named]# ll
总计 52
-rwxr-x--x 1 root  named  514 08-22 18:18 16.168.192.in-addr.arpa
drwxrwx--- 2 named named 4096 2004-08-26 data
-rwxr-x--x 1 root  named  395 08-22 17:18 jimu.com.zone
```

没有添加执行权前

添加执行权后

图 7-18　正向区域文件与反向区域文件的执行权

3）主配置文件执行权的添加：chmod +x named.conf（见图 7-19）。

```
[root@localhost named]# cd /var/named/chroot/etc
[root@localhost etc]# ll
总计 28
-rw-r--r-- 1 root root  3519 2006-02-27 localtime
-rw-r----- 1 root named 1230 2009-07-30 named.caching-nameserver.conf
-rw-r----- 1 root named 1512 08-08 19:58 named.conf
-rw-r----- 1 root named  955 2009-07-30 named.rfc1912.zones
-rw-r----- 1 root named  113 08-07 17:53 rndc.key
[root@localhost etc]# chmod +x  named.conf
[root@localhost etc]# ll
总计 28
-rw-r--r-- 1 root root  3519 2006-02-27 localtime
-rw-r----- 1 root named 1230 2009-07-30 named.caching-nameserver.conf
-rwxr-x--x 1 root named 1512 08-08 19:58 named.conf
-rw-r----- 1 root named  955 2009-07-30 named.rfc1912.zones
-rw-r----- 1 root named  113 08-07 17:53 rndc.key
```

未添加执行权前

添加执行权后

图 7-19　主配置文件执行权的添加

4. 修改 IP 地址和 DNS 地址

1）通过主菜单，单击“管理”→“网络设置”，打开网络连接，如图 7-20 所示。

2）选择“设备”选项卡，从中选择网卡类型“eth0”，并通过工具栏中的“编辑”工具，进入设置本机 IP 地址的窗口，设置完成，单击“确定”按钮退出设置窗口，如图 7-21 所示。

图 7-20　通过主菜单打开网络连接

图 7-21　本机 IP 地址设置

3）选择“DNS”选项卡，进入设置本机 DNS 地址的窗口，如图 7-22 所示。

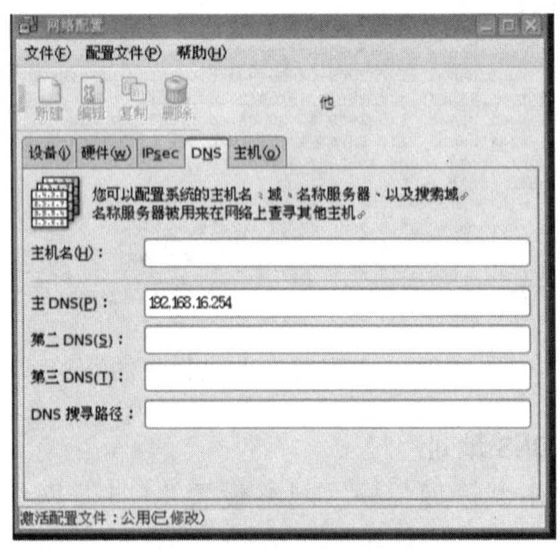

图7-22 DNS地址设置窗口

图 7-22　DNS 地址设置窗口

5. 启动 DNS 服务

启动 DNS 服务：service named start（见图 7-23）。

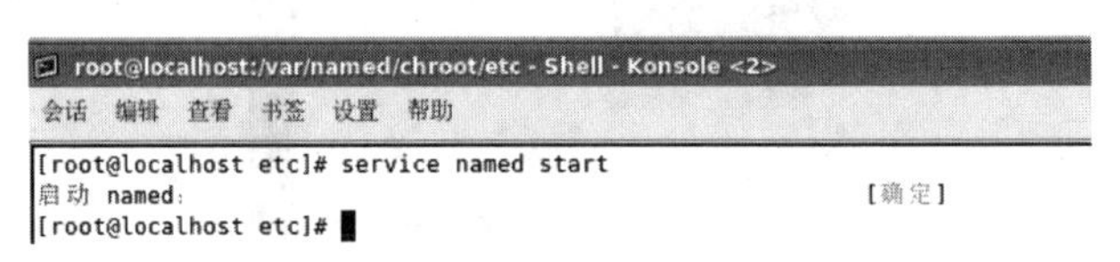

图 7-23　启动 DNS 服务

6. DNS 服务器测试

1）输入 nslookup 命令后，在提示符后输入相应的各服务器的名称，DNS 服务器会解析对应的 IP 地址。图 7-24 所示为正向解析过程，图 7-25 所示为反向解析过程。

2）输入 nslookup 命令后，在提示符后输入相应的各服务器的 IP 地址，DNS 服务器会解析对应的服务器名称。图 7-25 所示为反向解析过程。

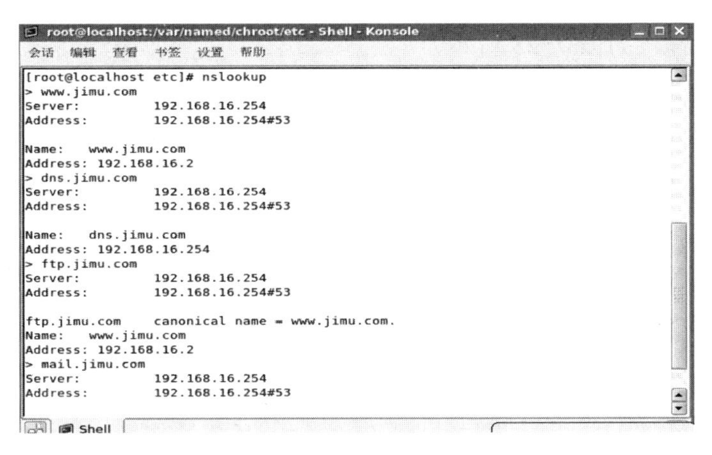

图 7-24 正向解析过程

```
root@localhost:/var/named/chroot/etc - Shell - Konsole
会话 编辑 查看 书签 设置 帮助
[root@localhost etc]# nslookup
> 192.168.16.254
Server:         192.168.16.254
Address:        192.168.16.254#53

254.16.168.192.in-addr.arpa     name = dns.jimu.com.
> 192.168.16.1
Server:         192.168.16.254
Address:        192.168.16.254#53

1.16.168.192.in-addr.arpa       name = mail.jimu.com.
> 192.168.16.2
Server:         192.168.16.254
Address:        192.168.16.254#53

2.16.168.192.in-addr.arpa       name = www.jimu.com.
>
```

图 7-25 反向解析过程

7.3.2 Apache 服务器的实施过程

1. Apache 服务器所需软件的安装

1）查看 RHEL5.4 预装了哪些包（见图 7-26）：rpm -qa | grep httpd*。

```
root@localhost:~ - Shell - Konsole
会话 编辑 查看 书签 设置 帮助
[root@localhost ~]# rpm -qa|grep httpd*
httpd-2.2.3-31.el5 ———> Apache服务的主程序包，服务器端必须安装该软件
httpd-manual-2.2.3-31.el5——Apache手册文档
system-config-httpd-1.3.3.3-1.el5 ———> Apache的配置工具：图形界面
[root@localhost ~]#
```

图 7-26 Apache 相关软件的查询

2）如果没有查看到相关的软件，则首先挂载光盘，如图 7-27 所示。

```
root@localhost:~ - Shell - Konsole <2>
会话 编辑 查看 书签 设置 帮助
[root@localhost ~]# mount  /dev/cdrom  /mnt
mount: block device /dev/cdrom is write-protected, mounting read-only
[root@localhost ~]# ll /mnt/Server |grep httpd
-r--r--r--  86 root root  1266575 2009-07-28 httpd-2.2.3-31.el5.i386.rpm
-r--r--r--  99 root root   150002 2009-07-28 httpd-devel-2.2.3-31.el5.i386.rpm
-r--r--r--  86 root root   830924 2009-07-28 httpd-manual-2.2.3-31.el5.i386.rpm
-r--r--r-- 451 root root   611542 2007-11-27 system-config-httpd-1.3.3.3-1.el5.noarch.rpm
```

图 7-27 挂载光盘到/mnt，并查询相关的软件

3）安装软件，如图 7-28 所示。

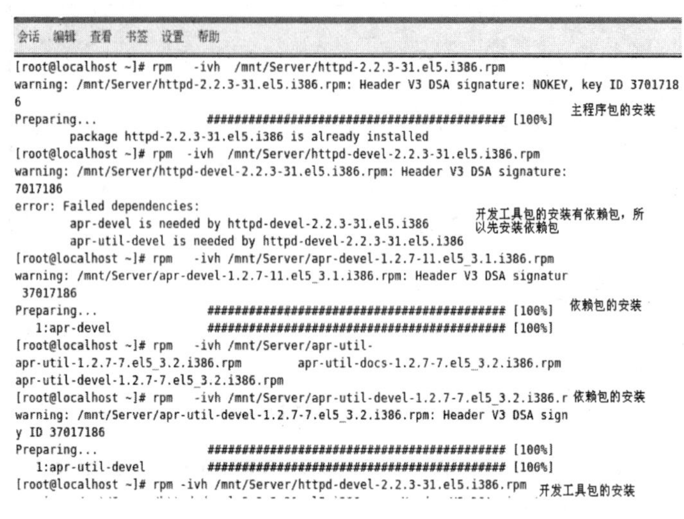

图 7-28 Apache 服务器主要软件的安装过程

4）如果需要图形界面进行 Apache 的配置，则需要安装软件 system-config-httpd-1.3.3.1-1.e15.noarch.rpm，如图 7-29 所示。

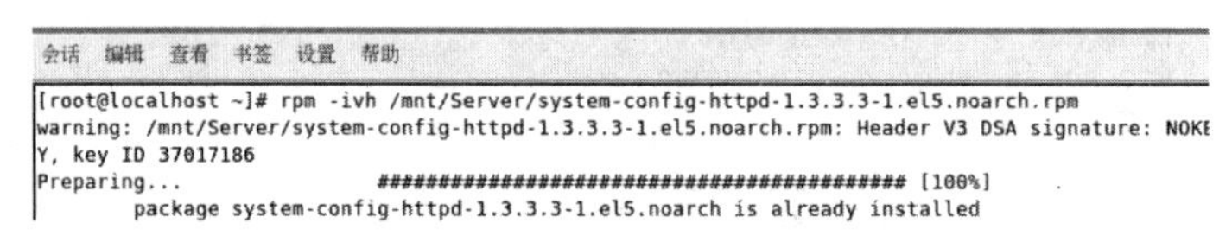

图 7-29 Apache 图形界面软件的安装

2. 修改主配置文件 httpd.conf，vim /etc/httpd/conf/httpd.conf

1）设置 Apache 的根目录为/etc/httpd；设置客户端访问超时时间为 120s（见图 7-30）。

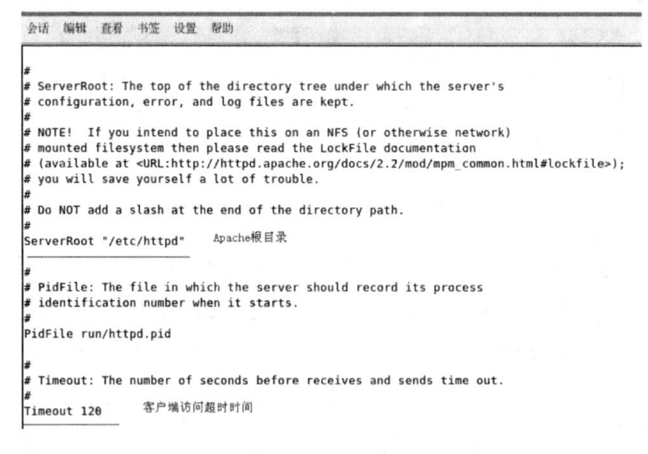

图 7-30 Apache 根目录和超时设置

2）httpd 监听端口 80 的设置（见图 7-31）。

```
# Listen: Allows you to bind Apache to specific IP addresses and/or
# ports, in addition to the default. See also the <VirtualHost>
# directive.
#
# Change this to Listen on specific IP addresses as shown below to
# prevent Apache from glomming onto all bound IP addresses (0.0.0.0)
#
#Listen 12.34.56.78:80
Listen 80
```

图 7-31 httpd 监听端口的设置

3）设置管理员 E-mail 地址为 root@jimu.com，Web 服务器的主机名和监听端口为 www.jimu.com:80，如图 7-32 所示。

```
# as error documents.  e.g. admin@your-domain.com
#
ServerAdmin root@jimu.com

#
# ServerName gives the name and port that the server uses to identify itself.
# This can often be determined automatically, but we recommend you specify
# it explicitly to prevent problems during startup.
#
# If this is not set to valid DNS name for your host, server-generated
# redirections will not work.  See also the UseCanonicalName directive.
#
# If your host doesn't have a registered DNS name, enter its IP address here.
# You will have to access it by its address anyway, and this will make
# redirections work in a sensible way.
#
ServerName www.jimu.com:80
```

图 7-32 管理员邮箱和 Web 主机名及端口设置

4）设置 Web 站点根目录为/var/www/jimu.com，如图 7-33 所示。

```
# DocumentRoot: The directory out of which you will serve your
# documents. By default, all requests are taken from this directory, but
# symbolic links and aliases may be used to point to other locations.
#
DocumentRoot "/var/www/jimu.com"
```

图 7-33 Web 站点根目录的设置

5）设置主页文件为 index.html，如图 7-34 所示。

```
# The index.html.var file (a type-map) is used to deliver content-
# negotiated documents.  The MultiViews Option can be used for the
# same purpose, but it is much slower.
#
DirectoryIndex index.html index.html.var
```

图 7-34 主页文件名的设置

6）设置服务器的默认编码为 GB2312，如图 7-35 所示。

```
# Specify a default charset for all content served; this enables
# interpretation of all content as UTF-8 by default.  To use the
# default browser choice (ISO-8859-1), or to allow the META tags
# in HTML content to override this choice, comment out this
# directive:
#
AddDefaultCharset GB2312
```

图 7-35 服务器文字默认编码

7）注释 Apache 默认欢迎页面 vi/etc/httpd/conf.d/welcome.conf，如图 7-36 所示。

8）设置客户端最大连接数为 1000，如图 7-37 所示。

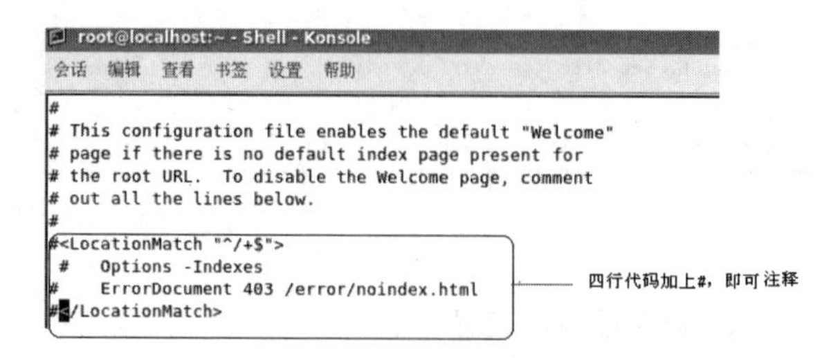

图 7-36　注释 Apache 默认的欢迎页面

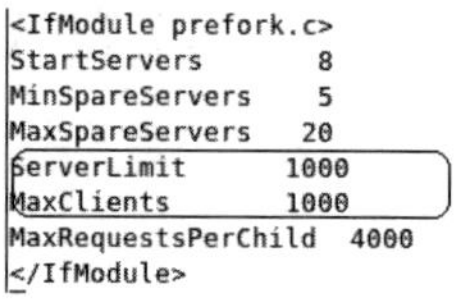

```
<IfModule prefork.c>
StartServers        8
MinSpareServers     5
MaxSpareServers    20
ServerLimit       1000
MaxClients        1000
MaxRequestsPerChild  4000
</IfModule>
```

图 7-37　客户端最大连接数

3. 启动 httpd 服务：service httpd start（见图 7-38）

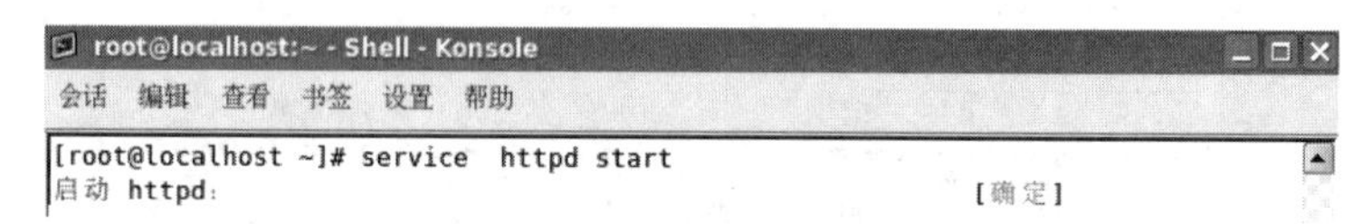

图 7-38　启动 httpd 服务

4. 将制作好的网页存放在文档目录/var/www/jimu.com 中（见图 7-39）

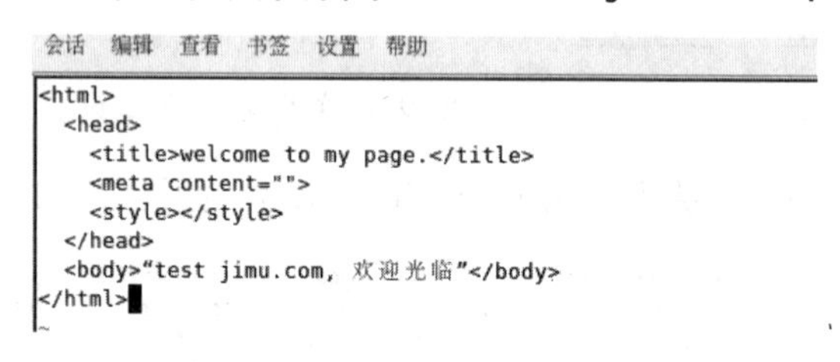

图 7-39　输入网页内容

5. 测试

在 IE 地址栏中输入 www.jimu.com，就可以打开制作好的首页如图 7-40 所示，测试成功。

图 7-40　测试网页

7.3.3　FTP 服务器的实施过程

1. vsftp 服务器所需软件的安装

1）查看软件包是否安装（见图 7-41），rpm -qa | grep vsftpd*。

```
[root@localhost ~]# rpm -qa |grep vsftpd*
vsftpd-2.0.5-16.el5
```

图 7-41　查询 vsftpd 软件的安装

2）如果没有安装，则首先挂载光盘，然后安装，如图 7-42 所示。

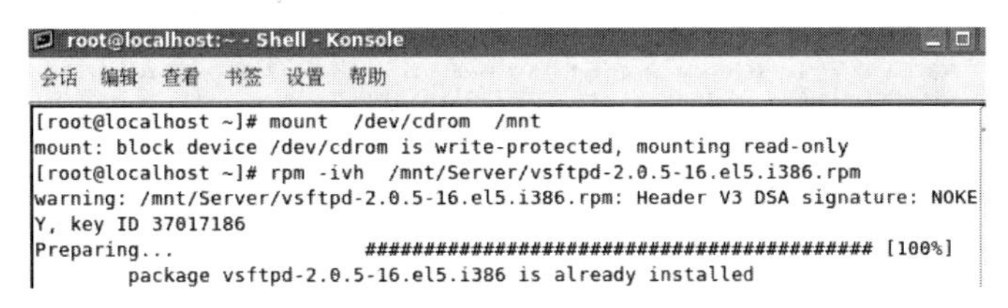

```
root@localhost:~ - Shell - Konsole
会话 编辑 查看 书签 设置 帮助
[root@localhost ~]# mount  /dev/cdrom  /mnt
mount: block device /dev/cdrom is write-protected, mounting read-only
[root@localhost ~]# rpm -ivh  /mnt/Server/vsftpd-2.0.5-16.el5.i386.rpm
warning: /mnt/Server/vsftpd-2.0.5-16.el5.i386.rpm: Header V3 DSA signature: NOKE
Y, key ID 37017186
Preparing...                ########################################### [100%]
        package vsftpd-2.0.5-16.el5.i386 is already installed
```

图 7-42　vsftpd 主程序包的安装

3）vsftpd 相关文档的查询，如图 7-43 所示。

```
root@localhost:~ - Shell - Konsole
会话 编辑 查看 书签 设置 帮助
[root@localhost ~]# ll /etc/vsftpd
总计 36
-rw------- 1 root root  125 2009-05-13 ftpusers——指定用户不能访问FTP
-rw------- 1 root root  361 2009-05-13 user_list——允许访问FTP的用户列表
-rw------- 1 root root 4579 2009-05-13 vsftpd.conf——vsftpd的配置文件
-rwxr--r-- 1 root root  338 2009-05-13 vsftpd_conf_migrate.sh—— vsftpd的变量和脚本
```

图 7-43　vsftpd 相关文档的查询

2. 配置 vsftpd.conf 主配置文件

主配置文件：vi/etc/vsftpd/vsftpd.conf（见图 7-44）。

```
[root@localhost ~]# vi /etc/vsftpd/vsftpd.conf
```

图 7-44　打开机置文件

1）服务器配置支持上传，即允许匿名用户访问：anonymous_enable=YES（见图 7-45）。

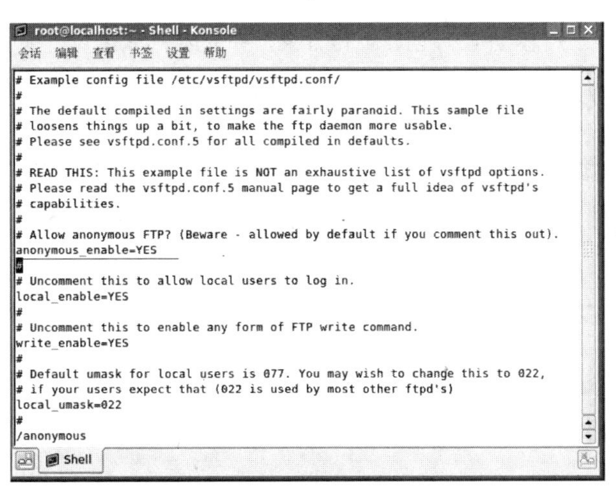

```
root@localhost:~ - Shell - Konsole
会话 编辑 查看 书签 设置 帮助
# Example config file /etc/vsftpd/vsftpd.conf/
#
# The default compiled in settings are fairly paranoid. This sample file
# loosens things up a bit, to make the ftp daemon more usable.
# Please see vsftpd.conf.5 for all compiled in defaults.
#
# READ THIS: This example file is NOT an exhaustive list of vsftpd options.
# Please read the vsftpd.conf.5 manual page to get a full idea of vsftpd's
# capabilities.
#
# Allow anonymous FTP? (Beware - allowed by default if you comment this out).
anonymous_enable=YES
#
# Uncomment this to allow local users to log in.
local_enable=YES
#
# Uncomment this to enable any form of FTP write command.
write_enable=YES
#
# Default umask for local users is 077. You may wish to change this to 022,
# if your users expect that (022 is used by most other ftpd's)
local_umask=022
#
/anonymous
Shell
```

图 7-45　允许您匿名用户访问

2）允许匿名用户上传文件并可以创建目录，保存退出，如图 7-46 所示。

anon_upload_enable=YES

anon_mkdir_write_enable=YES

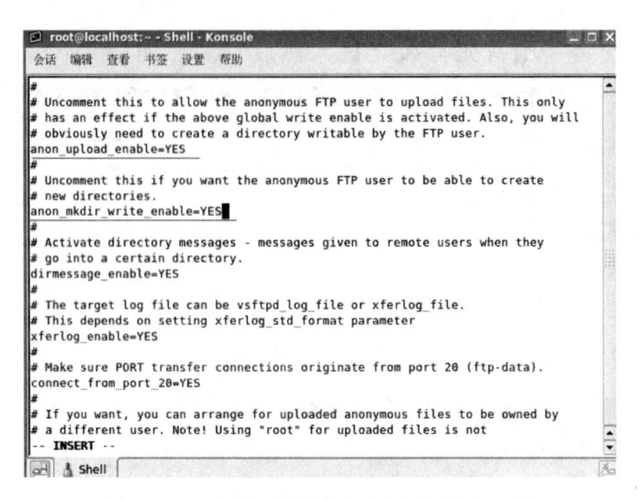

图 7-46　允许匿名用户上传并创建目录

3. 修改目录权限

创建一个公司上传用的目录，叫 jimu，分配 FTP 用户所有，目录默认权限是 755，如图 7-47 所示。

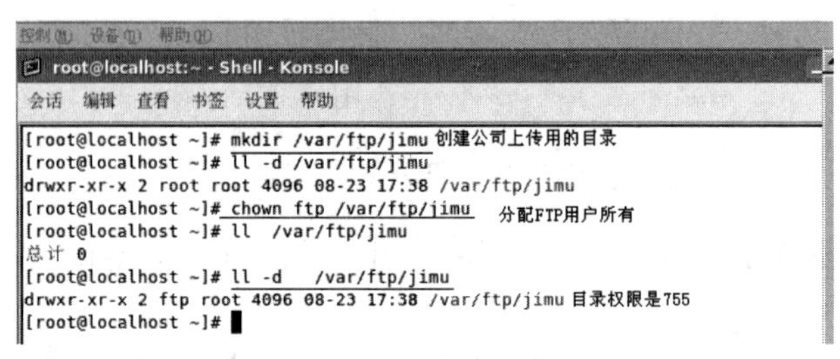

图 7-47　创建上传目录，并分配 FTP 用户

1）修改目录权限，需要开启 SElinux 服务，如图 7-48 所示。

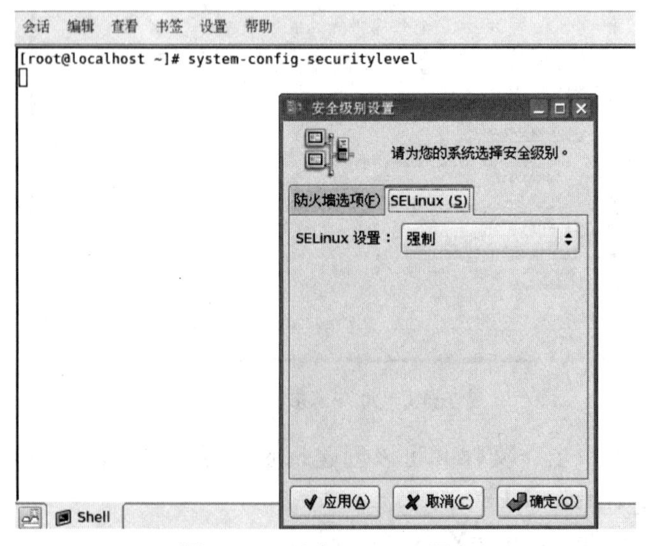

图 7-48　开启 Selinux 服务

2）reboot 重启系统，查询 SElinux 运行状态，如图 7-49 所示。

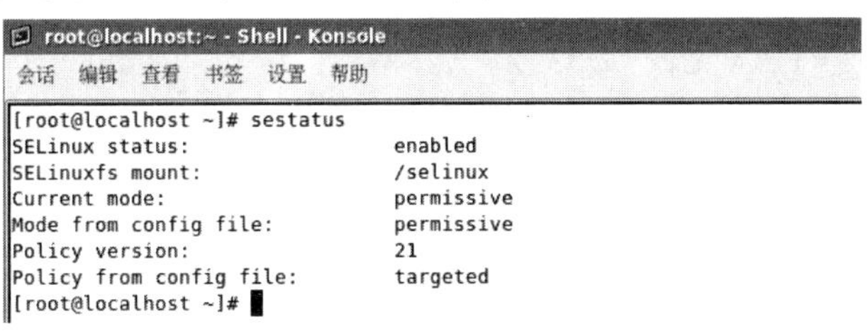

图 7-49　系统重启后查询 Selinux 运行状态

3）使用 getsebool -a | grep ftp 命令可以找到 FTP 的 bool 值，然后修改 getsebool -a 来显示所有 Selinux 的布尔值，通过管道，查找 FTP 相关的布尔值，使用 setsebool-P allow _ftpd _anon_write.命令设置布尔值，如图 7-50 所示。

4）下面准备修改上下文，如图 7-51 所示。

```
会话 编辑 查看 书签 设置 帮助
[root@localhost ~]# getsebool -a |grep ftp
allow_ftpd_anon_write --> off
allow_ftpd_full_access --> off
allow_ftpd_use_cifs --> off
allow_ftpd_use_nfs --> off
allow_tftp_anon_write --> off
ftp_home_dir --> off
ftpd_connect_db --> off
ftpd_disable_trans --> off
ftpd_is_daemon --> on
httpd_enable_ftp_server --> off
tftpd_disable_trans --> off
[root@localhost ~]# setsebool -P allow_ftpd_anon_write on
[root@localhost ~]# getsebool -a |grep ftp
allow_ftpd_anon_write --> on
allow_ftpd_full_access --> off
allow_ftpd_use_cifs --> off
allow_ftpd_use_nfs --> off
allow_tftp_anon_write --> off
ftp_home_dir --> off
ftpd_connect_db --> off
ftpd_disable_trans --> off
ftpd_is_daemon --> on
httpd_enable_ftp_server --> off
```

图 7-50　通过 Selinux 授予匿名用户写的权限

```
会话 编辑 查看 书签 设置 帮助
[root@localhost ~]# ls -Zd /var/ftp/jimu/
drwxr-xr-x ftp root system_u:object_r:public_content_t /var/ftp/jimu/
[root@localhost ~]# chcon -t public_content_rw_t /var/ftp/jimu
[root@localhost ~]# ls -Zd /var/ftp/jimu/
drwxr-xr-x ftp root system_u:object_r:public_content_rw_t /var/ftp/jimu/
[root@localhost ~]#
```

图 7-51　修改上下文

4. reboot 重新启动服务器，运行级别 3 并开启 vsftpd 服务（见图 7-52）

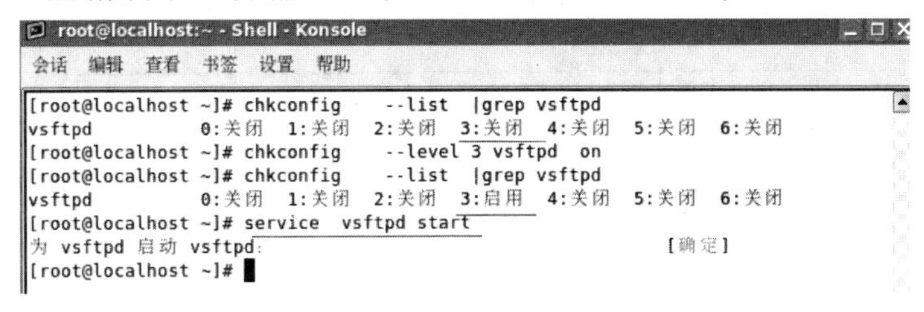

图 7-52　运行级别 3 并开启 vsftpd 服务

5．测试

测试匿名登录 FTP（见图 7-53）。

```
会话  编辑  查看  书签  设置  帮助
[root@localhost ~]# ftp localhost
Connected to localhost.localdomain.
220 (vsFTPd 2.0.5)
530 Please login with USER and PASS.
530 Please login with USER and PASS.
KERBEROS_V4 rejected as an authentication type
Name (localhost:root): ftp            ——> 匿名用户名: ftp
331 Please specify the password.
Password:                             ——> 密码:空
230 Login successful.
Remote system type is UNIX.
Using binary mode to transfer files.
```

图 7-53　匿名登录 FTP

6．测试

测试匿名用户创建新目录和上传文件，测试成功，如图 7-54 所示。

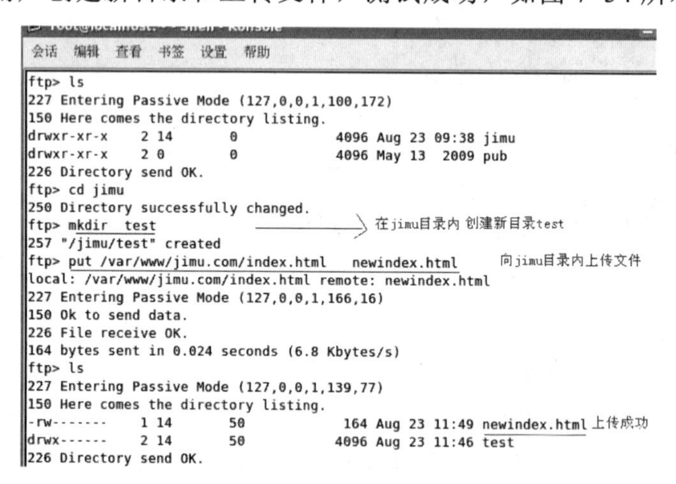

```
会话  编辑  查看  书签  设置  帮助
ftp> ls
227 Entering Passive Mode (127,0,0,1,100,172)
150 Here comes the directory listing.
drwxr-xr-x    2 14       0            4096 Aug 23 09:38 jimu
drwxr-xr-x    2 0        0            4096 May 13  2009 pub
226 Directory send OK.
ftp> cd jimu
250 Directory successfully changed.
ftp> mkdir  test                 ——> 在jimu目录内 创建新目录test
257 "/jimu/test" created
ftp> put /var/www/jimu.com/index.html    newindex.html      向jimu目录内上传文件
local: /var/www/jimu.com/index.html remote: newindex.html
227 Entering Passive Mode (127,0,0,1,166,16)
150 Ok to send data.
226 File receive OK.
164 bytes sent in 0.024 seconds (6.8 Kbytes/s)
ftp> ls
227 Entering Passive Mode (127,0,0,1,139,77)
150 Here comes the directory listing.
-rw-------    1 14       50            164 Aug 23 11:49 newindex.html 上传成功
drwx------    2 14       50           4096 Aug 23 11:46 test
226 Directory send OK.
```

图 7-54　匿名用户成功上传文件

7.3.4　邮件服务器的实施过程

1．Sendmail 服务软件包的安装

1）查看 RHEL5.4 预装了哪些包（见图 7-55）：rpm -qa | grep sendmail*。

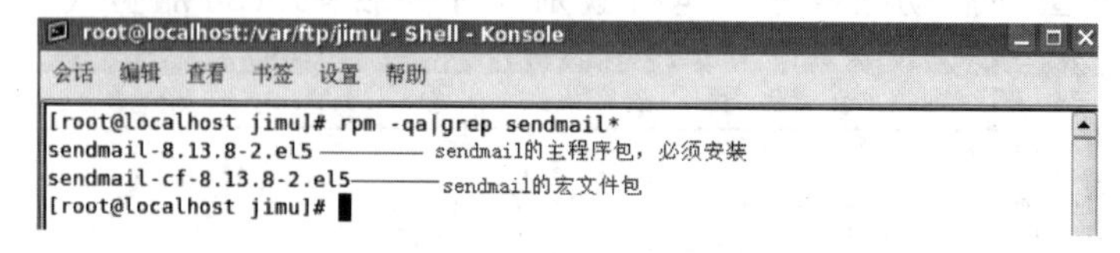

```
root@localhost:/var/ftp/jimu - Shell - Konsole
会话  编辑  查看  书签  设置  帮助
[root@localhost jimu]# rpm -qa|grep sendmail*
sendmail-8.13.8-2.el5 ———— sendmail的主程序包，必须安装
sendmail-cf-8.13.8-2.el5———— sendmail的宏文件包
[root@localhost jimu]#
```

图 7-55　查询已经安装的 Sendmail 软件包

2）如果相关的软件没有安装，则依照顺序安装，如图 7-56 所示。

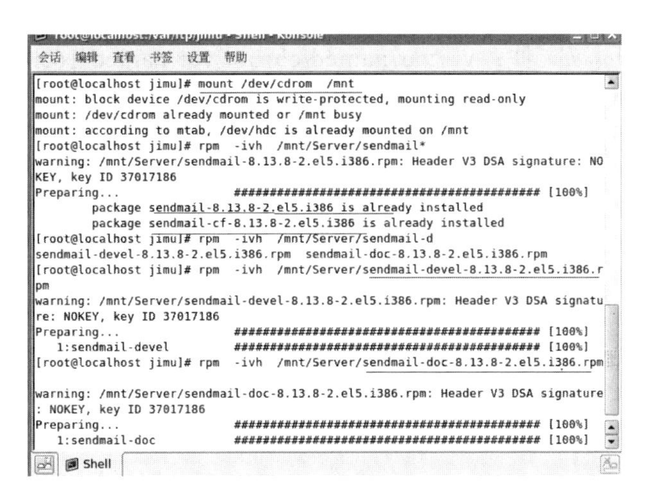

图 7-56 Sendmail 软件包的安装

3）安装 m4-1.4.5-3.e15.1.i386.rpm：宏处理过虑软件包（见图 7-57）。

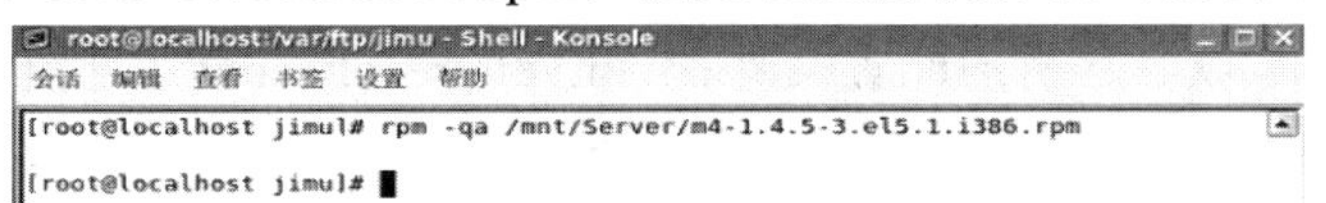

图 7-57 软件包的安装

2. DNS 服务器相关的配置

1）主配置文件的修改：vi /var/named/chroot/etc/named.conf（见图 7-58）。

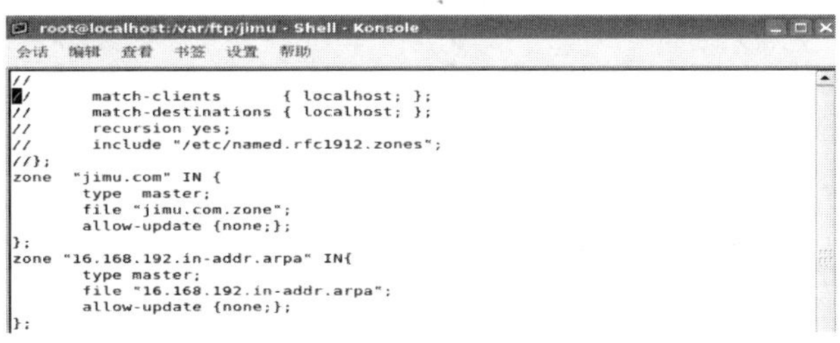

图 7-58 DNS 主配置文件的修改

2）配置正向区域文件：vi /var/named/chroot/var/named/jimu.com.zone（见图 7-59），使用 MX 记录设置邮件服务器。这条记录一定要有，否则 Sendmail 无法正常工作。

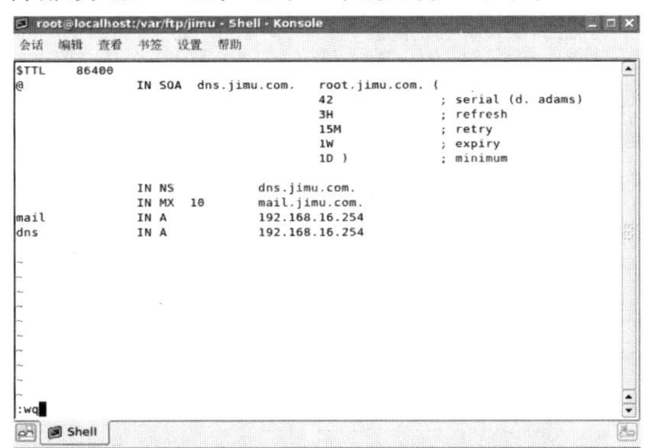

图 7-59 DNS 正向区域文件的修改

3）配置反向区域文件：vi /var/named/chroot/var/named/16.168.192.in-addr.arpa（见图 7-60）。

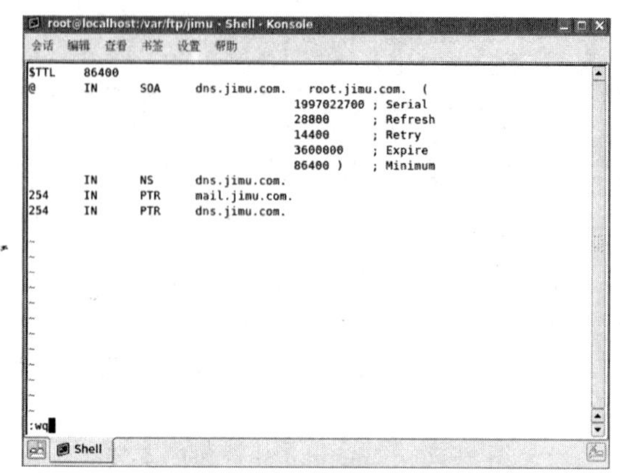

图 7-60 DNS 反向区域文件的修改

4）修改 DNS 域名解析的配置文件：vim /etc/resolv.conf（见图 7-61）。

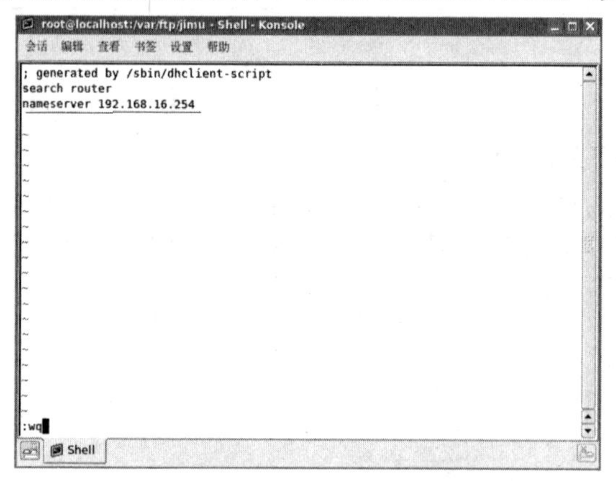

图 7-61 域名解析配置文件的修改

5）重启 named 服务，使配置生效：service named restart（见图 7-62）。

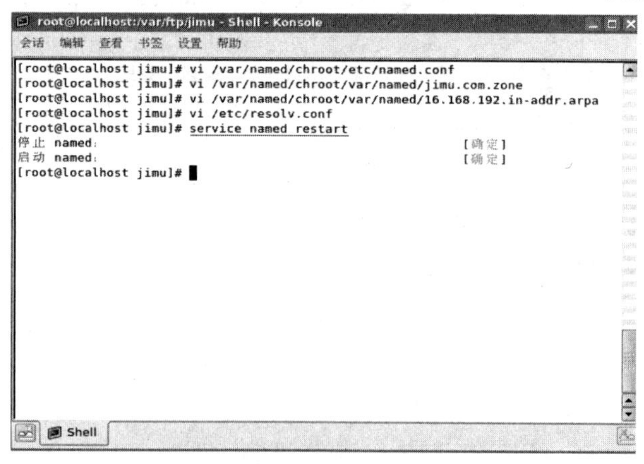

图 7-62 DNS 服务重启

3．编辑 sendmail.mc，修改 SMTP 侦听网段范围：vim /etc/mail/sendmail.mc

1）打开文件后，修改第 116 行（见图 7-63），配置邮件服务器需要更改 IP 地址为公司内部网段或者 0.0.0.0，这样可以扩大侦听范围（通常都设置成 0.0.0.0），否则邮件服务器无法正常发送邮件。

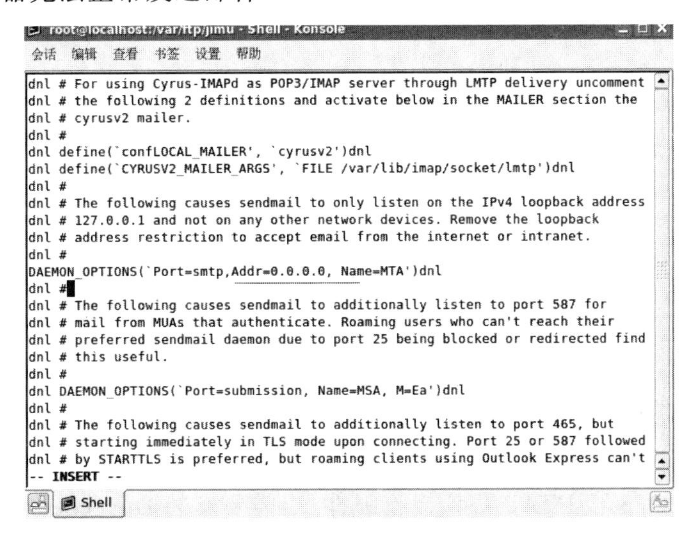

图 7-63 /etc/mail/sendmail.mc 第 116 行的修改

2）将第 155 行修改成自己域：LOCAL_DOMAIN('jimu.com')dnl（见图 7-64）。

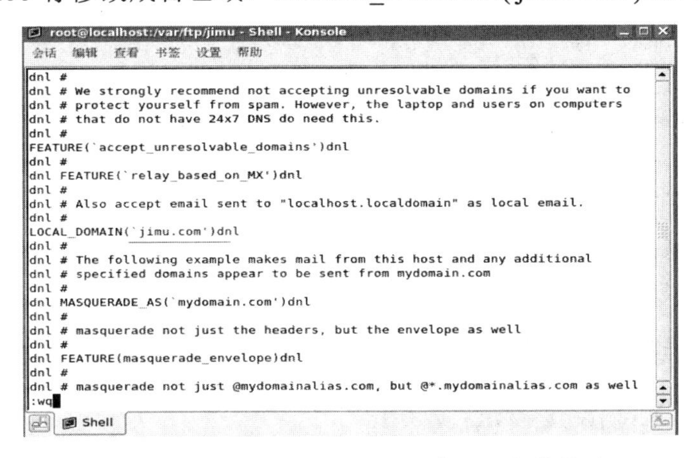

图 7-64 /etc/mail/sendmail.mc 第 155 行的修改

3）使用 m4 命令生成 sendmail.cf 文件：m4 /etc/mail/sendmail.mc > /etc/mail/sendmail.cf（见图 7-65）。

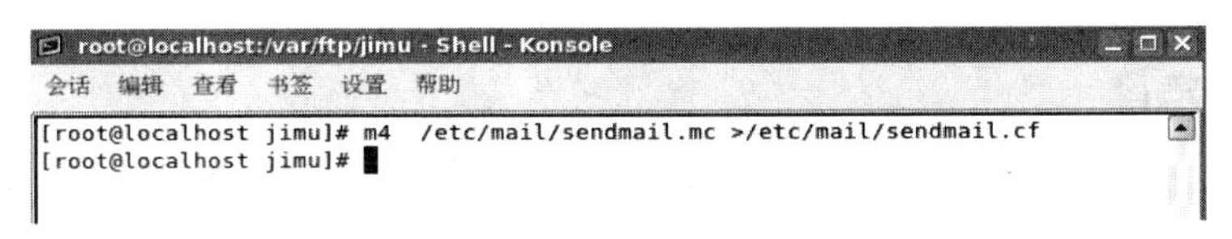

图 7-65 mc 文件转换成 cf 文件

4. 修改 local-host-names 文件添加域名及主机名：vim /etc/mail/local-host-names（见图 7-66）

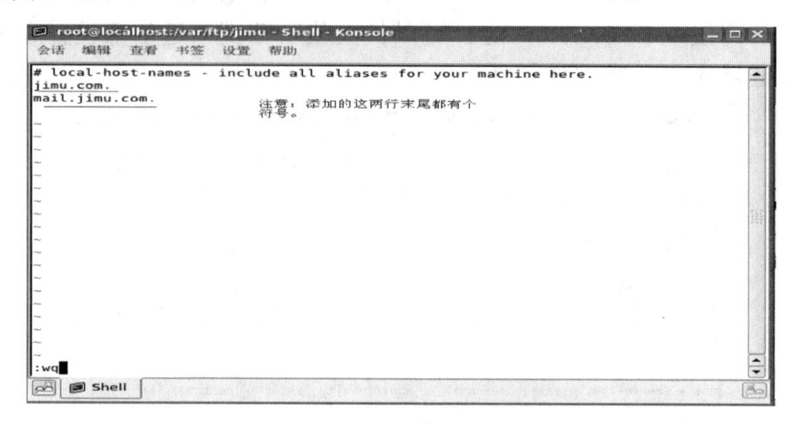

图 7-66　添加域名及主机名

5. Dovecot 接收邮件软件包（POP3 和 IMAP）

至此，Sendmail 服务器基本配置完成，Mail Server 就可以完成邮件发送工作了。如果需要使用 POP3 和 IMAP 协议接收邮件，还需要安装 Dovecot 软件包。在 RHEL5 中，Dovecot 整合了 IMAP，如图 7-67 所示。

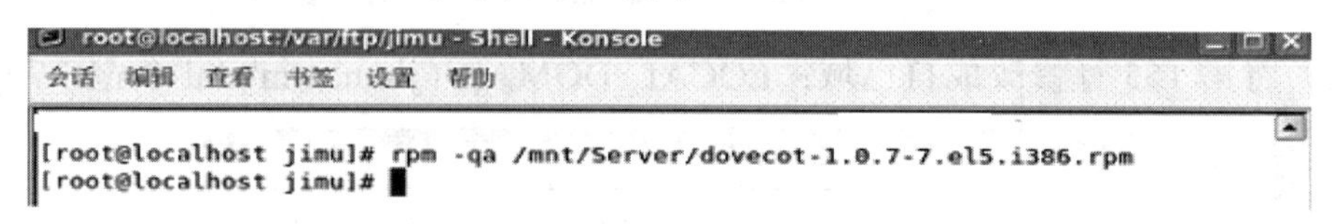

图 7-67　接收邮件软件包的安装

6. 启动 Sendmail 服务

使用 service sendmail start 和 service dovecot start 命令启动 Sendmail 和 Dovecot 服务，如图 7-68 所示。

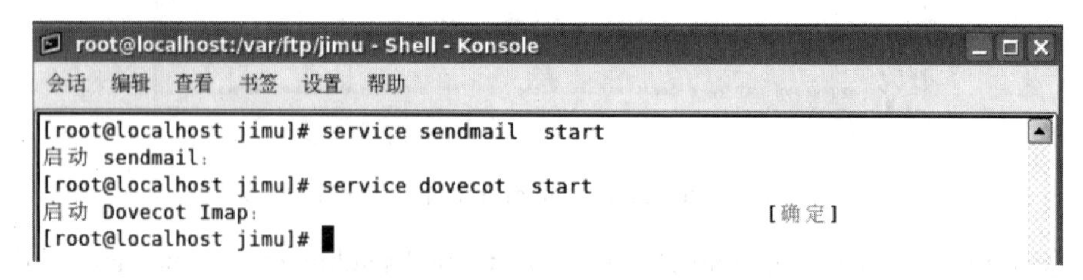

图 7-68　发送邮件与接收邮件服务的开启

7. 测试端口

使用 netstat 命令测试是否开启 SMTP 的 25 端口、POP3 的 110 端口及 IMAP 的 143 端口，如图 7-69 所示。

```
root@localhost:/var/ftp/jimu - Shell - Konsole
会话 编辑 查看 书签 设置 帮助
[root@localhost jimu]# netstat  -an |grep 25
tcp        0      0 192.168.16.254:53           0.0.0.0:*                   LIST
EN
tcp        0      0 127.0.0.1:25                0.0.0.0:*                   LIST
EN
udp        0      0 192.168.16.254:53           0.0.0.0:*

unix  2      [ ACC ]     STREAM     LISTENING     9719   /tmp/ssh-tSYrZW2255/age
nt.2255
unix  2      [ ]         DGRAM                    6525
unix  3      [ ]         STREAM     CONNECTED     6254
unix  3      [ ]         STREAM     CONNECTED     6253
[root@localhost jimu]# netstat  -an |grep 110
tcp        0      0 :::110                      :::*                        LIST
EN
[root@localhost jimu]# netstat  -an |grep 143
tcp        0      0 :::143                      :::*                        LIST
EN
```

图 7-69 测试端口

8. 验证 Sendmail 的 SMTP 认证功能

在 telnet localhost 25 后输入 ehlo localhost，验证 Sendmail 的 SMTP 认证功能 telnet localhost 110，如图 7-70 所示。

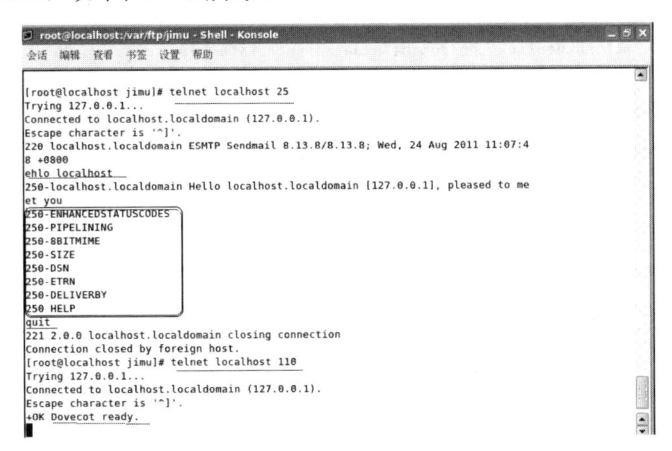

图 7-70 SMTP 的认证功能和接收邮件功能

9. 登录发送邮件服务器：telnet mail.jimu.com 25（见图 7-71）

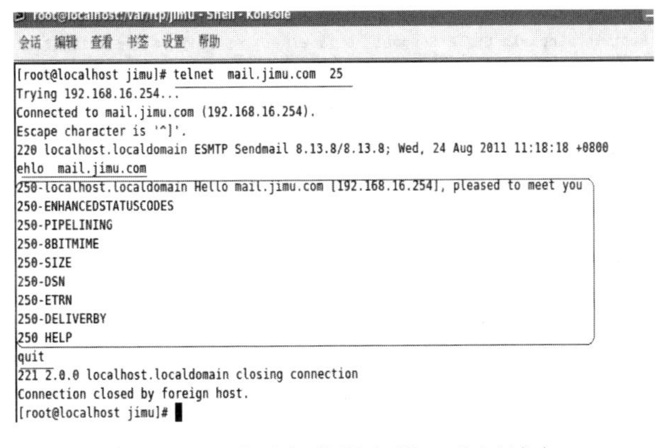

图 7-71 登录邮件服务器，验证域名

10. 登录邮件服务器验证接收功能：telnet mail.jimu.com 110（见图 7-72）

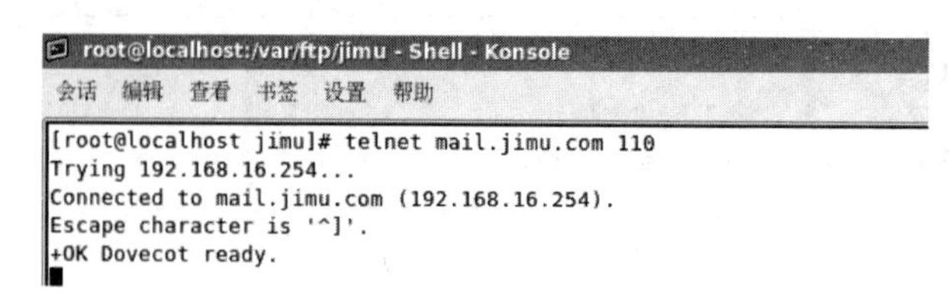

图 7-72 登录邮件服务器验证接收功能

11. 建立用户

建立电子邮件账号 yan 和 liu，密码均为 Jimu10，如图 7-73 所示。

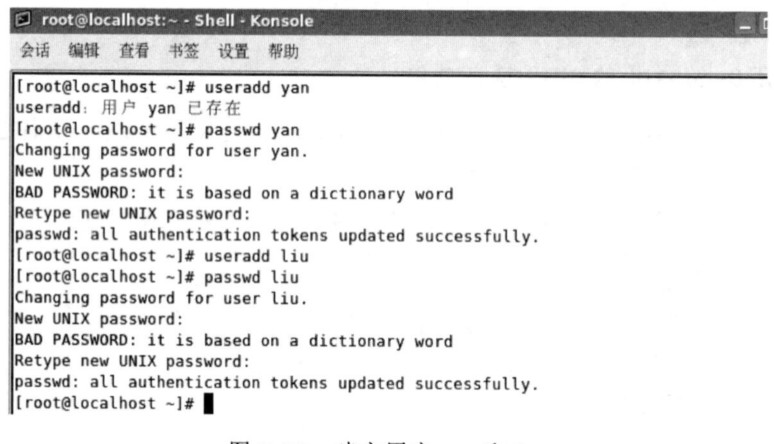

图 7-73 建立用户 yan 和 liu

12. 客户端测试

客户端测试可以在 Windows 系统中，也可以在 Linux 系统中进行。本例选择的是 Linux 系统。

（1）发送邮件　如图 7-74 所示。

```
会话 编辑 查看 书签 设置 帮助
[root@localhost ~]# telnet  mail.jimu.com  25   登录邮件服务器，准备发送邮件
Trying 192.168.16.254...
Connected to mail.jimu.com (192.168.16.254).
Escape character is '^]'.
220 localhost.localdomain ESMTP Sendmail 8.13.8/8.13.8; Wed, 24 Aug 2011 12:01:26 +0800
helo jimu.com               //利用helo命令向邮件服务器表明身份
250 localhost.localdomain Hello mail.jimu.com [192.168.16.254], pleased to meet you
mail from:yan@jimu.com  //利用mail from命令输入发送人的邮件地址
250 2.1.0 yan@jimu.com... Sender ok
rcpt to:liu@jimu.com     //利用rcpt to命令输入接收人的邮件地址
250 2.1.5 liu@jimu.com... Recipient ok
data                        //利用data命令表明以后输入的内容为邮件内容
354 Enter mail, end with "." on a line by itself
from:yan@jimu.com         邮件的发送人
to:liu@jimu.com           邮件的接收人
subject:the first mail from yan!   邮件主题
hello,everybody!welcome to mail.jimu.com.  邮件正文
.            以符号“.”表明邮件结束
250 2.0.0 p7041QH0005420 Message accepted for delivery
quit         退出telnet命令
221 2.0.0 localhost.localdomain closing connection
Connection closed by foreign host.
[root@localhost ~]#
```

图 7-74 发送邮件过程

（2）接收邮件　如图 7-75 所示。

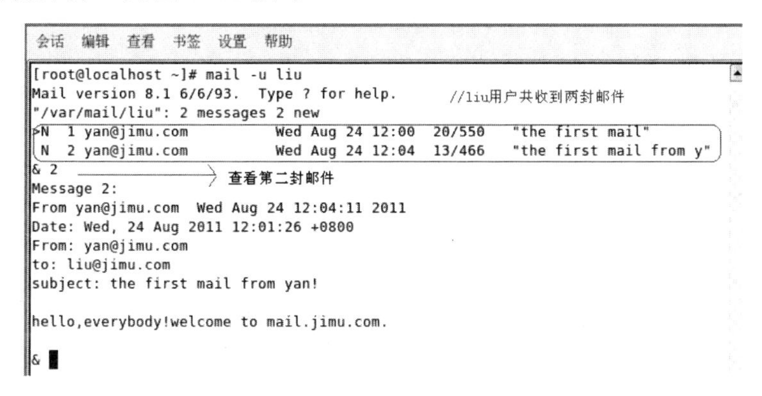

图 7-75　查看收到的邮件内容

7.4 结束语

至此，针对当前企业在 Linux 环境下所需要的服务器，从安装、配置与测试都有了全面而详细的介绍，使学生在知识、技能、素质与情感等方面均得到提高。主要体现在以下几个方面。

1．知识提高

1）进一步掌握了 DNS、Web、FTP 及邮件服务器的基本工作原理。

2）掌握了 Linux 系统下 DNS、Web、FTP 及邮件服务器的安装、配置、管理与维护方法。

3）掌握了常见的基于 Linux 系统的 DNS、Web、FTP 及邮件服务器的调试工具。

4）掌握了 Linux 系统下 DNS、Web、FTP 及邮件服务器的故障检测与排除方法。

2．技能提高

1）具备了安装、启动及使用 Linux 系统下的 DNS、Web、FTP 及邮件服务器的职业能力。

2）具备了管理、配置与维护 DNS、Web、FTP 及邮件服务器的职业能力。

3）具备 Linux 系统下 DNS、Web、FTP 及邮件服务器的故障检测与排除的职业能力。

3．素质与情感提高

1）养成良好的职业道德规范。

2）养成良好的团队协作精神与较好的沟通能力。

3）具有综合分析和解决问题的能力。

4）具有好奇心和创造力。

5）具有良好的企业文档资料阅读、分析及撰写能力。

思考与练习

1．填空题

（1）查看 Apache 服务器运行状态的命令是______________________。

（2）DNS（localhost）的反向解析配置文件是______________________。

（3）Port 参数的含义是____________________________。

（4）Sendmail 邮件系统使用的两个主要协议是_________和_________，前者用来发送邮件，后者用来接收邮件。

（5）_________是实现 WWW 服务器功能的应用程序，即通常所说的“浏览 Web 服务器”，在服务器端为用户提供浏览 Web 服务的就是_________应用程序。

2．选择题

（1）在解析域名 www.wuxistc.com 时，解析的先后顺序是（　　）。

A．com- wuxistc-www　　B．www- wuxistc-com

C．wuxistc-www-com

（2）Apache 服务器默认的监听连接端口号是（　　）。

A．1024　　B．800　　C．80　　D．8

（3）用 FTP 进行文件传输时，有两种模式：（　　）。

A．Word 和 binary　　B．TXT 和 Word Document

C．ASCII 和 binary　　D．ASCII 和 Rich Text Format

（4）Samba 服务器的进程由（　　）两部分组成。

A．named 和 sendmail　　B．smbd 和 nmbd

C．bootp 和 dhcpd　　D．httpd 和 squid

3．简答题

（1）如何调整 httpd 最大的同时连接数量为 10000 个？

（2）FTP 的使用者分为哪几类？

（3）在 Samba 配置文件中加入一个共享文件夹的设置，要求修改 public 段（一个共享的目录，普通的访问者只读，属于 std 组的用户可以读/写）：

```
;comment=Public Stuff
;path=/home/samba
;public=yes
;wriable=yes
;printable=no
;write list=@std
```

参考文献

[1] 红帽软件（北京）有限公司．Red Hat Linux 用户基础[M]．北京：电子工业出版社，2008．

[2] 王秀平．Linux 系统管理与维护[M]．北京：北京大学出版社，2010．

[3] 梁广民，王隆杰．Linux 操作系统实用教程[M]．西安：西安电子科技大学出版社，2004．

[4] 梁如军．Red Hat Linux 9 应用基础教程[M]．北京：机械工业出版社，2005．

[5] 陈忠文．Linux 操作系统实训教程[M]．北京：中国电力出版社，2006．